Euklid's Data

nach dem Griechischen

mit Robert Simson's Zusätzen

herausgegeben

von

Julius Friedrich Wurm
Diakonus zu Lauffen am Neckar.

Mit 2 Steintafeln.

Berlin,
bei Georg Reimer.
1825.

Vorrede.

Die Uebersetzung der Data von J. C. Schwab, (Stuttgart 1780.) ist ganz vergriffen. Eine neue deutsche Handausgabe schien in mancher Rücksicht wünschenswerth. Daß bei der gegenwärtigen Uebersetzung nicht, wie bei der Schwab'schen, die Ausgabe von Robert Simson, sondern der griechische Text zum Grunde gelegt ist, wird vielleicht darum getadelt werden, weil die Sätze der Data häufig nach der durch Simson eingeführten Ordnung citirt werden. Indessen ist nicht nur bei jedem Satze neben der Zahl des griechischen Textes die Nummer der englischen Ausgabe, in Klammern, angezeigt, sondern auch die Reihe der Simson'schen Sätze mit den entsprechenden Euklidischen Zahlen in einer Vergleichungstafel vorangestellt. Was aus der englischen Uebersetzung aufgenommen wurde, ist durch Klammern [ ] von dem übrigen Texte unterschieden. Es sind die neuen, von Simson durch Buchstaben bezeichneten, Sätze, seine Corollarien, die ganz, oder zum Theil veränderten Beweise, und einzelne verbesserte oder verdeutlichte Ausdrücke. Die Compositionen, welche er vom 45sten Satze an bis zum 87sten beinahe überall beigefügt hat, sind weggelassen, weil sie meistens aus der Analysis leicht abzuleiten, und weil sie von Simson (wenn gleich weitläuftig erörtert) doch nicht vollständig ausgeführt sind. Auch seine Anmerkungen, welche sich auf das Verhältniß seiner Uebersetzung zum Grundtexte beziehen, könnten wegbleiben.

Eine wörtliche Uebersetzung des griechischen Textes (und also auch der Simson'schen Zugaben) schien der Zweck einer wohlfeilen Handausgabe nicht zu fordern. Die Wiederholung des Vorausgesetzten, oder Bewiesenen, welche Euklid der daraus herzuleitenden Folgerung voranzuschicken pflegt, ist in den meisten Fällen übergangen. Die Ekthesis, wodurch der zuerst allgemein ausgesprochene Satz auf die zugehörige Figur angewendet wird, ist immer mit der Thesis verbunden, doch so, daß die Worte auch, wenn man sich die Buchstabenzeichen wegdenkt, verständlich bleiben. Nicht bloß der Kürze wegen, sondern auch, um die Vergleichung zu erleichtern, sind verwandte Sätze, oder ähnliche Fälle desselben Satzes zusammengefaßt worden. Ueberdieß konnte manches durch eine leichte Aenderung richtiger, bestimmter, oder einfacher ausgedrückt werden. Die Anmerkungen enthalten (ausser wenigen Berichtigungen) blos Notitzen zur Vergleichung mit dem griechischen und englischen Texte. Ein Commentar mit Zusätzen ist einer Ausgabe von dem Grundtexte der Data vorbehalten, deren Erscheinung von der Aufnahme abhangt, welche Herrn Rector Camerer's Ausgabe der 6 ersten Bücher von Euklid's Elementen finden wird.

Die Sätze der Data nach der Simson'schen Ordnung, verglichen mit den Zahlen des griechischen Textes und den Buchstaben, womit die von Simson eingeschalteten Sätze benannt sind.

Sims.	Griech.	Sims.	Griech.	Sims.	Griech.	Sims.	Griech.
1.	1.	28.	25.	55.	51.	77.	Z. 1. (79.)
2.	2.	29.	26.	56.	52.	78.	80.
3.	3.	30.	27.	57.	53.	79.	K.
4.	4.	31.	28.	58.	G.	80.	L.
5.	12.	32.	29.	59.	54. (77.)	81.	M.
6.	5.	33.	30.	60.	55.	82.	60.
7.	6.	34.	31.	61.	57.	83.	58.
8.	7.	35.	32.	62.	H.	84.	59.
9.	8.	36.	33.	62.	Z. 66.	85.	84.
10.	9.	37.	E.	63. }	74. 73. (56.)	86.	85.
11.	22.	38.	34.	64. }		87.	87.
12.	23.	39.	35. 36.	64.	Z. 75.	88.	N.
13.	24.	40.	37. 38.	65.	68.	89.	86.
14.	A.	41.	F.	66.	69.	90.	O.
15.	B.	42.	39.	67. }	70.	91.	88.
16.	10.	43.	40.	68. }		92.	89.
17.	11.	44.	41.	68.	Z. 1. 71.	93.	90.
18.	14. (21.)	45.	42.	—	— 2. 72.	94.	91.
19.	15.	46.	43.	69.	61.	95.	92.
20.	16.	47.	44.	70.	62. (78.)	96.	93.
21.	C.	48.	45.	71.	81.	97.	94.
22.	D.	49.	46.	72.	82.	98.	P.
23.	20.	50.	76.	73.	83.	99.	95.
24.	13.	51.	47.	74.	64.	100.	Q.
25.	17.	52.	48.	75.	65.		
26.	18.	53.	49.	76.	67.		
27.	19.	54.	50.	77.	I.		

Abkürzungen.

△. Dreieck.
F. Figur.
gb. gegeben.
g. L. gerade Linie.
gl. gleich.
Gr. Größe.
Hbm. Halbm.
K. Kreis.
L. Linie.
MP. Mittelpunct.
p. parallel.
PL. Parallel-Linie.
Pg. Parallelogramm.
P. Punct.
Q. Quadrat. (AB^2 das Quadrat der geraden Linie AB.)
R. Rechteck. ($AB \times BC$, das Rechteck aus den geraden Linien AB, BC.)
r. W. rechter Winkel.
Vh. Verhältniß.
W. Winkel.

Die Mehrzahl ist durch Verdoppelung des Buchstabens ausgedrückt.

In den Citaten sind mit D. die Data, mit römischen Zahlen die Bücher der Elemente, und mit arabischen die Sätze der Data, oder eines Buches der Elemente bezeichnet.

Euklid's Data.

Erklärungen.

1. Der Größe nach gegeben heißen Räume, Linien und Winkel, wenn man solche, die ihnen gleich sind, finden (πορίσασθαι) kann.

2. Ein Verhältniß heißt gegeben, wenn man ein Verhältniß (zwischen zwei gegebenen Größen), welches mit jenem einerlei ist, finden kann.

3. Geradlinichte Figuren heißen der Art nach gegeben, wenn sowohl jeder ihrer Winkel gegeben ist, als die Verhältnisse ihrer Seiten zu einander gegeben sind.

4. Der Lage nach gegeben heißen Puncte, Linien und Winkel, wenn sie immer an demselben Orte sind. (Puncte, Linien und Räume heißen der Lage nach gegeben, wenn sie immer dieselbe Lage (Situation) haben, und entweder wirklich dargelegt sind, oder gefunden

werden können*). Ein Winkel heißt der Lage nach gegeben, wenn er zwischen, der Lage nach gegebenen, geraden Linien enthalten ist.)

5. Ein Kreis heißt der Größe nach gegeben, wenn sein Halbmesser der Größe nach gegeben ist.

6. Der Lage und der Größe nach gegeben heißt ein Kreis, wenn sein Mittelpunct der Lage nach, und sein Halbmesser der Größe nach gegeben ist.

7. Kreisabschnitte heißen der Größe nach gegeben, wenn sowohl die Winkel in denselben, als die Grundlinien der Abschnitte der Größe nach gegeben sind.

8. Der Lage und der Größe nach gegeben heißen Kreisabschnitte, wenn die Winkel in denselben der Größe nach, und die Grundlinien der Abschnitte der Lage und der Größe nach gegeben sind.

{9. / 10.} Eine Größe ist um eine gegebene {größer / kleiner}, als eine andere, wenn, nachdem man {von / zu} der ersten die gegebene {weggenommen hat, der Rest / hinzugesetzt hat, das Ganze} gleich ist der anderen.

{11. / 12.} Eine Größe ist um eine gegebene {größer / kleiner}, als die zu einer anderen, in gegebenem Verhältniße ste-

*) Richtiger: Der Lage nach gb. heißen PP., LL. und WW., wenn man solche, die ebendieselbe Lage haben (oder mit jenen congruiren) finden kann.

hende, wenn, nachdem man { von / zu } der ersten die gegebene { weggenommen hat, der Rest / hinzugesetzt hat, das Ganze } ein gegebenes Verhältniß zu der anderen Größe hat.

{ 13. / 14. } Eine { abwärts / aufwärts } gezogene gerade Linie ist diejenige, welche an eine der Lage nach gegebene gerade Linie von einem { außerhalb / auf } derselben gegebenen Puncte unter einem gegebenen Winkel gezogen wird.

15. Eine neben der gegebenen gezogene gerade Linie ist diejenige, welche durch einen gegebenen Punct mit einer der Lage nach gegebenen geraden Linie parallel gezogen wird *).

---

*) Die 5 letzten Erklärungen hat Simson weggelassen. Denn die Ausdrücke der 13ten, 14ten und 15ten werden bei keinem Satze der Data gebraucht; die der 11ten und 12ten aber wollte er, wo sie vorkommen, lieber umschreiben, weil sie sich nicht so kurz fassen lassen, wie im Griechischen (μέγεθος μεγέθους δοθέντι { μεῖζόν / ἔλασσόν } ἐστιν ἢ ἐν λόγῳ).

Satz 1. (1.)

Gegebene Größen A, B haben zu einander ein gegebenes Verhältniß. (F. 1.)

Da die Gr. A gb. ist, so kann man (D. def. 1.) eine ihr gl. Gr., C, finden. Ebenso kann man, da B gb. ist, eine ihr gl. Gr., D, finden. Nun ist A : C = B : D, also (V. 16.) A : B = C : D. [Oder: A : B = C : B (V. 7.), und C : B = C : D (V. 7.), also (V. 11.) A : B = C : D.] Mithin ist das Vh. A : B gb. (D. def. 2.); denn es ist ein Vh. C : D gefunden worden, welches mit jenem einerlei ist.

Satz 2. (2.)

Wenn eine gegebene Größe A zu einer anderen Größe B ein gegebenes Verhältniß hat, [und wenn zu den beiden Größen, durch welche das gegebene Verhältniß dargestellt wird, und zu der gegebenen Größe eine vierte Proportional-Größe gefunden werden kann,] so ist die andere Größe B gegeben. (F. 1.)

Da A gb. ist, so kann man (D. def. 1.) eine ihr gl Gr. C finden. Da auch das Vh. A : B gb. ist, so kann man ein Vh. finden, welches mit diesem einerlei ist (D. def. 2.). [Es seyen die Grr. E, F gefunden, welche dieses Vh. zu einander haben. Zu E, F, C werde die 4te Prop. Gr. D gefunden, welches nach der Voraussetzung möglich ist. Da nun A : B = E : F, und E : F = C : D, so ist (V. 11.) A : B = C : D.] Es ist aber

A = C, also (V. 14.) B = D. Mithin ist B gb. (D. def. 1.); denn es ist eine ihr gl. Gr. D gefunden werden.

Satz 3. (3.)

Wenn gegebene Größen AB, BC, wie viel ihrer seyn mögen, zusammengesetzt werden, so ist ihre Summe AC gegeben. (F. 2.)

Da { AB / BC } gb. ist, so kann (D. def. 1.) eine ihr
gl. Gr. { DE / EF } gefunden werden. Nun ist (I. Ax. 2.)
auch die ganze Gr. AC der ganzen DF gleich. Mithin ist AC gb. (D. def. 1.); denn es ist eine ihr gl. DF gefunden.

Satz 4. (4.)

Wenn von einer gegebenen Größe AC eine gegebene AB weggenommen wird, so ist der Rest BC gegeben. (F. 2.)

Da { AC / AB } gb. ist, so kann (D. def. 1.) eine ihr
gl. Gr. { DF / DE } gefunden werden. Nun ist (I. Ax. 3.)
auch der Rest BC gl. dem Reste EF. Mithin ist BC gb. (D. def. 1.); denn es ist eine ihr gl. EF gefunden.

Satz 5. (6.)

Wenn eine Größe AB zu einer anderen AC, welche ein Theil der ersten ist, ein gegebenes Verhältniß hat, so hat sie auch zu dem übrigen Theile BC ein gegebenes Verhältniß. (F. 3.)

{ Da das Vh. BA : AC gb. ist, so kann man (D.
{ Es sey eine Gr. DE gb. Gesetzt nun, diese habe
def. 2.) 2 Grr. ED, DF finden, welche dasselbe Vh. zu
zu einer anderen DF einerlei Vh. mit dem gb. Vh. BA : AC,
einander haben, wie BA, AC } *). Auch der Unterschied
so ist (D. 2.) auch DF gb. }
EF zwischen ED und DF ist folglich gb. (D. 4.). Daher ist (D. 1.) das Vh. DE : EF gb. Und weil ED : DF = BA : AC, so ist (V. 19. cor.) DE : EF = AB : BC. Mithin ist auch das Vh. AB : BC gb.

(Zusatz.

Wenn das Verhältniß des Ganzen AB zu einem Theile AC gegeben ist, so haben auch die beiden Theile AC, CB zu einander ein gegebenes Verhältniß. Denn, da AB : BC = DE : EF, so ist (V. 17.) AC : CB = DF : FE. Aber DF : FE ist gb. (D. 1.); also ist auch AC : CB gb.)

Satz 6. (7.)

Wenn zwei Größen AB, BC zusammengesetzt werden, welche zu einander ein gegebenes Verhältniß haben, so hat auch das Ganze AC zu jeder derselben ein gegebenes Verhältniß. (F. 4.)

Da das Vh. AB : BC gb. ist, so kann man (D. def. 2.) zwei Grr. DE, EF finden, welche zu einander eben die-

*) Diese beiden Beweisarten sind im griech. Text mit einander vermengt, nicht nur bei dem 5ten, sondern auch bei vielen der folgenden Sätze, wo wir nur die eine Form in der Uebersetzung wiedergeben.

ses Vh. haben. Auch ihre Summe DF ist folglich gb. (D. 3.). Weil nun AB : BC = DE : EF, so ist (V. 18.) AC : CB = DF : FE, und (V. 19. cor.) CA : AB = FD : DE. Aber das Vh. von DF zu jeder der beiden DE, EF ist gb. (D. 1.); also hat auch AC zu jeder der beiden AB, BC ein gb Vh.

Satz 7. (8.)

Wenn eine gegebene Größe AB in einem gegebenen Verhältniße [in zwei Theile AC, CB, welche ein gegebenes Verhältniß zu einander haben,] getheilt wird, [und wenn eine vierte Proportional-Größe zu der Summe der beiden, das gegebene Verhältniß darstellenden, Größen, zu einer derselben und zu der gegebenen Größe gefunden werden kann,] so ist jeder der beiden Theile AC, CB gegeben. (F 3.)

Da das Vh. AC : CB gb. ist, so ist auch das Vh. von AB zu jeder der beiden AC, CB gb. (D. 6.). [Also kann man (D. def. 2.) zwei Grr. DE, {DF / FE} finden, welche zu einander dasselbe Vh. haben, wie AB, {AC / CB}.] Aber AB ist gb.; also ist (D. 2.) auch jede der beiden AC, CB gb. [weil man eine 4te Prop Gr. zu DE, {DF / FE}, AB finden kann].

[Ebenso, und mit derselben Einschränkung, ist, wenn der Unterschied AC zwischen zwei Grr. AB, BC, welche ein gb. Vh. zu einander haben, gb. ist, jede der beiden AB, BC gb.]

Satz 8. (9.)

Wenn zwei Größen A, C zu eben derselben Größe B in gegebenen Verhältnissen stehen, so haben sie auch zu einander ein gegebenes Verhältniß. (F. 5.)

Da A : B gb. ist, so kann man (D. def. 2.) zwei Grr. D, E finden, welche eben dieses Vh. haben. Ebenso können, da B : C gb. ist, zwei Grr. gefunden werden, welche damit einerlei Vh. haben. [Dieß seyen die Grr. F, G. Zu F, G, E finde man eine 4te Prop. Gr. H, wenn es möglich ist.] So ist (V. 11.) E : H = B : C. Weil aber auch D : E = A : B, so ist (V. 22.) D : H = A : C. Nun ist (D. 1.) D : H gb.; also ist auch A : C gb.

Satz 9. (10.)

Wenn zwei oder mehrere Größen A, B, C zu einander in gegebenen Verhältnissen stehen, und wenn dieselben Größen zu gewissen anderen D, E, F gegebene, wenn auch nicht einerlei, Verhältnisse haben, so haben auch diese Größen D, E, F zu einander gegebene Verhältnisse. (F. 6.)

Da $\left.\begin{matrix}A : B \\ B : C\end{matrix}\right\}$ gb., und zugleich $\left.\begin{matrix}A : D \\ B : E\end{matrix}\right\}$ gb. ist, so ist (D. 8.) auch $\left.\begin{matrix}D : B \\ E : C\end{matrix}\right\}$ gb.. Weil aber auch $\left.\begin{matrix}B : E \\ C : F\end{matrix}\right\}$ gb. ist, so ist $\left.\begin{matrix}D : E \\ E : F\end{matrix}\right\}$ gb. (D. 8.). Also haben die Grr. D, E, F gb. Vhh. zu einander.

(Satz A. (14.)

Wenn eine Größe AC um eine gegebne $\left.\begin{matrix}\text{kleiner} \\ \text{größer}\end{matrix}\right\}$

ist, als die, zu einer anderen Größe DE in gegebenem Verhältniße stehende, AB, so ist die andere DE um eine gegebene { größer / kleiner }, als die zu der ersten AC in gegebenem Verhältniße stehende. (F. { 3. / 4. })

Da AB : DE gb. ist, so können zwei Grr., welche dasselbe Vh. haben, gefunden werden. Zu diesen beiden und zu dem gegebenen Unterschiede BC finde man die 4te Prop. Gr. EF, welche mithin selbst gb. seyn wird.

Da nun (V. 11.) AB : DE = BC : EF, so ist { (V. 19.) / (V. 12.) } AC : DF = AB : DE, also AC : DF gb. Mithin ist DE um die gb. EF { größer / kleiner }, als die zu AC in gb. Vh. stehende DF.)

(Satz B. (15.)

Wenn eine Größe AB mit der, zu einer anderen Größe EF in gegebenem Verhältniße stehenden, BC eine gegebene Summe ausmacht, so macht die andere EF mit der zu der ersten AB in gegebenem Verhältniße stehenden eine gegebene Summe. (F. 4.)

Da BC : EF gb. ist, so können 2 Grr., welche dasselbe Vh. haben, gefunden werden. Zu diesen beiden und zu der gegebenen Summe AC finde man die 4te Prop. Gr. DF, welche mithin gb. seyn wird. Weil nun (V. 11.) BC : EF = AC : DF, so ist (V. 19.) AB : DE = BC : EF, also AB : DE gb. Mithin macht EF mit der, zu AB in gl. Vh. stehenden, DE eine gb. Summe DF.)

Satz 10. (16.)

a. Wenn eine Größe AB um eine gegebene größer ist, als die, zu einer anderen Größe BC in gegebenem Verhältniße stehende, DB, so ist auch die Summe AC der ersten AB und der anderen BC um eine gegebene größer, als die zu der anderen BC in gegebenem Verhältniße stehende. (F. 7.)

Da DB : BC gb. ist, so ist (D. 6.) auch DC : CB gb. Nun ist der Unterschied AD zwischen AB und BD gb. Also ist AC um die gb. AD größer, als die, zu CB in gb. Vh. stehende, DC.

b. Wenn die Summe AC zweier Größen AB, BC um eine gegebene größer ist, als die, zu der zweiten Größe BC in gegebenem Verhältniße stehende, $\left\{\begin{matrix}DC\\EC\end{matrix}\right\}$, so ist entweder die erste Größe AB um eine gegebene größer, oder eine gegebene um die erste Größe AB größer, als die zu der zweiten BC in gegebenem Verhältniße stehende. (F. 7.)

Der gegebene Unterschied $\left\{\begin{matrix}AD\\AE\end{matrix}\right\}$ sey $\left\{\begin{matrix}\text{kleiner}\\\text{größer}\end{matrix}\right\}$ als AB. Da nun $\left\{\begin{matrix}DC\\EC\end{matrix}\right\}$: CB gb. ist, so ist $\left\{\begin{matrix}\text{(D. 5. cor.)}\\\text{(D. 5.)}\end{matrix}\right.$ $\left.\begin{matrix}DB\\EB\end{matrix}\right\}$: BC gb. Also ist $\left\{\begin{matrix}\text{der Unterschied AD}\\\text{die Summe AE}\end{matrix}\right\}$ der Gr. AB und der zu der Gr. BC in gb. Vh. stehenden $\left\{\begin{matrix}DB\\EB\end{matrix}\right\}$ gb.

Satz 11. (17.)

a. Wenn eine Größe AB um eine gegebene größer

ist, als die, zu einer anderen Größe BC in gegebenem Verhältniße stehende, DB, so ist die erste AB auch um eine gegebene größer, als die zu der Summe AC von beiden AB, BC in gegebenem Verhältniße stehende. (f. 8.)

Da DB : BC gb. ist, so ist (D. 6.) CD : DB gb. Gesetzt nun, es sey eine Gr. DE, zu welcher sich der gb. Unterschied AD verhalte, wie CD : DB, so ist (D. 2.) DE gb., also (D. 4.) auch AE gb. Es ist aber EB : AC = BD : DC (V. 12.), also gb. Mithin ist AB um die gb. AE größer, als die, zu AC in gb. Vh. stehende, EB.

b. Wenn eine Größe AB um eine gegebene größer ist, als die, zu der Summe AC von derselben AB und einer anderen BC in gegebenem Verhältniße stehende, EB, so ist die erste AB auch um eine gegebene größer, als die zu der anderen BC in gegebenem Verhältniße stehende. (f. 8.)

Es sey AF = BC, also (I. Ax. 2.) BF = AC. Da mithin (V. 7.) EB : BF gb. ist, so ist (D. 5. cor.) BE : EF gb. Gesetzt nun, es sey eine Gr. DE, welche sich zu dem gb. Unterschiede EA verhalte, wie BE : EF, so ist (D. 2.) DE. gb., also (D. 3.) auch AD gb. Es ist aber BD : AF = BE : EF (V. 19.), also gb. Mithin ist AB um die gb. AD größer, als die, zu AF, oder BC in gb. Vh. stehende, DB.

Satz 12. (5.)

Wenn man 3 Größen AB, BC, CD hat, und so wohl die Summe AC der ersten und zweiten, als die Summe BD der zweiten und dritten gegeben ist, so ist entweder die erste der dritten gleich, oder ihr Unterschied ist gegeben. (f. 9.)

Ist die gb. AC der gb. BD gleich, so ist (I. Ax. 3.) auch AB=CD. Ist aber AC>BD, so sey EC=BD. Da sowohl EC, als AC gb. ist, so ist (D. 4.) AE gb. Auch ist (I. Ax. 3.) EB=CD. Also ist AB um die gb. AE größer, als CD.

Satz 13. (24.)

Wenn man 3 Größen AB, CD, E hat, und das Verhältniß der ersten AB zur zweiten CD gegeben ist, die zweite aber um eine gegebene größer ist, als die, zur dritten E in gegebenem Verhältniße stehende, DF, so ist auch die erste AB um eine gegebene größer, als die zur dritten E in gegebenem Verhältniße stehende. (f. 10.)

Gesetzt, es sey eine Gr. AG, welche sich zu dem gb. Unterschiede CF verhalte, wie AB : CD, so ist (D. 2.) AG gb. Auch ist GB : FD=AB : CD (V. 19.), also gb. Da nun FD : E gb. ist, so ist auch GB : E gb. (D. 8.). Mithin ist AB um die gb. AG größer, als die zu E in gb. Vh. stehende GB.

[Zusatz.

Auch, wenn das Vh. der ersten Gr. zur zweiten gb., aber die dritte um eine gb. größer ist, als die zur zweiten in gb. Vh. stehende, so ist die dritte um eine gb. größer, als die zur ersten in gb. Vh. stehende.]

Satz 14. (18.). Satz 15. (19.). Satz 20. (23.).

Wenn das Verhältniß zweier Größen AB, CD gegeben ist, { zu welchen gegebene / von welchen gegebene / welche von gegebenen } Größen AE, CF

$\left\{\begin{array}{c}\text{hinzugefügt}\\ \text{weggenommen}\\ \text{weggenommen}\end{array}\right\}$ sind, so haben die $\left\{\begin{array}{c}\text{Summen}\\ \text{Differenzen}\\ \text{Differenzen}\end{array}\right\}$ BE, DF entweder ein gegebenes Verhältniß zu einander, oder die eine ist um eine gegebene größer, als die zu der anderen in gegebenem Verhältniße stehende. (f. $\left\{\begin{array}{c}11.\\ 12.\\ 13.\end{array}\right\}$).

Das Vh. der gb. Gr. AE, CF ist gb. Ist es einerlei mit dem gb. Vh. AB : CD, so ist ($\left\{\begin{array}{c}\text{V. 12.}\\ \text{V. 19.}\\ \text{V. 19.}\end{array}\right\}$) BE : DF= AB : CD, also gb. Ist aber nicht AE : CF=AB : CD, so sey AG : CF=AB : CD. Da CF gb. ist, so ist AG gb. (D. 2.); und, weil AE gb. ist, so ist EG gb. (D. 4.). Es ist aber GB : FD=AB : CD ($\left\{\begin{array}{c}\text{V. 12.}\\ \text{V. 19.}\\ \text{V. 19.}\end{array}\right\}$), also gb. Mithin ist BE um die gb. EG größer, als die, zu DF in gb. Vh. stehende, GB. [Wenn das Vh. AE : CF nicht, wie hier vorausgesetzt wurde, $\left\{\begin{array}{c}\text{größer}\\ \text{kleiner}\\ \text{größer}\end{array}\right\}$, sondern $\left\{\begin{array}{c}\text{kleiner}\\ \text{größer}\\ \text{kleiner}\end{array}\right\}$ ist, als AB : CD, so wird der Beweis auf dieselbe Art geführt;] (indem nemlich eine 4te Prop. Gr. zu AB, CD, AE angenommen wird.).

Satz 16. (20.) Satz C. (21.) Satz D. (22.)

Wenn das Verhältniß zweier Größen AB, CD ge-

geben, und { zu / zu / von } der ersten AB eine gegebene AE
{ hinzugefügt, von der andern CD aber eine gegebene /
hinzugefügt, die andre CD aber von einer gegebenen /
weggenommen, die andere CD aber von einer gegebenen }
CF weggenommen ist, so ist { um eine gegebene Größe die / eine gegebene Größe um die / eine gegebene Größe um die }
{ Summe / Summe / Differenz } BE größer, als die zu der Differenz DF in gegebenem Verhältniße stehende. (s. { 14. / 15. / 16. }).

Es sey AG : CF = AB : CD ; so ist AG gb. (D. 2.), und EG gb. ({ D. 3. / D. 3. / D. 4. }). Es ist aber GB : FD = AB : CD (V. 19.), also gb. Mithin ist { BE um die gb. EG / die gb. EG um BE / die gb. EG um BE } größer, als die, zu DF in gb. Vh. stehende, BG.

Satz 17. (25.)

Wenn man 3 Größen AB, CD, E hat, und zwei derselben AB, CD je um eine gegebene größer sind, als die, zur dritten E in gegebenem Verhältniße stehenden, FB, GD, so haben die beiden ersten AB, CD entweder ein gegebenes Verhältniß zu einander, oder die eine ist um eine gegebene größer, als die zu der anderen in gegebenem Verhältniße stehende. (F. 17.)

Da sowohl FB : E, als GD : E gb. ist, so ist auch FB : GD gb. (D. 8.). Also haben, wenn die gb. Grr. AF, CG dazu kommen, die Ganzen AB, CD entweder ein gb. Vh. zu einander, oder die eine ist um eine gb. größer, als die zur anderen in gb. Vh. stehende. (D. 14.)

Satz 18. (26.)

Wenn man 3 Größen AB, CD, EH hat, und eine derselben EH je um eine gegebene größer ist, als die zu den beiden anderen AB, CD in gegebenem Verhältniße stehenden FH, GH, so haben die beiden anderen AB, CD entweder ein gegebenes Verhältniß zu einander, oder die eine ist um eine gegebene größer, als die zur anderen in gegebenem Verhältniße stehende. (F. 18.)

Gesetzt, es sey eine Gr. $\left\{\begin{matrix} AK \\ CL \end{matrix}\right\}$, zu welcher sich die gb. $\left\{\begin{matrix} EF \\ EG \end{matrix}\right\}$ verhalte, wie $\left\{\begin{matrix} FH : AB \\ GH : CD \end{matrix}\right\}$; so ist (D. 2.) $\left\{\begin{matrix} AK \\ CL \end{matrix}\right\}$ gb. Auch ist $\left\{\begin{matrix} EH : KB = FH : AB \\ EH : LD = GH : CD \end{matrix}\right\}$ (V. 12.), also gb. Daher ist (D. 8.) KB : LD gb. Also haben, wenn die gb. Grr. AK, CL weggenommen werden, die Reste AB, CD entweder ein gb. Vh. zu einander, oder die eine ist um eine gb. größer, als die zum anderen in gb. Vh. stehende (D. 15.).

(And. Beweis.

Da EH um eine gb. größer ist, als die zu $\left\{\begin{matrix} AB \\ CD \end{matrix}\right\}$

in gb. Vh. stehende, so ist (D. A.) eben diese $\begin{Bmatrix} AB \\ CD \end{Bmatrix}$ um eine gb. kleiner, als die, zu EH in gb. Vh. stehende, $\begin{Bmatrix} KB \\ LD \end{Bmatrix}$. Weil mithin sowohl das Vh. KB : LD gb. ist (D. 8.), als auch die Unterschiede AK, CL gb. sind, so haben (D. 15.) AB, CD entweder ein gb. Vh. zu einander, oder die eine ist um eine gb. größer, als die zur anderen in gb. Vh. stehende.)

Satz 19. (27.)

Wenn man 3 Größen HB, CD, E hat, und die erste HB um eine gegebene größer ist, als die, zur zweiten CD in gegebenem Verhältniße stehende, AB, die zweite CD aber um eine gegebene größer, als die, zur dritten E in gegebenem Verhältniße stehende, FD, so ist auch die erste HB um eine gegebene größer, als die zur dritten E in gegebenem Verhältniße stehende. (F. 10.)

Gesetzt, es sey eine Gr. AG, welche sich zu dem gb. Unterschiede CF verhalte, wie AB : CD, so ist (D. 2.) AG gb.; und, weil HA gb. ist, so ist (D. 3.) auch HG gb. Nun ist (V. 19.) GB : FD = AB : CD, also gb. Aber auch FD : E ist gb.; also ist (D. 8.) GB : E gb. Mithin ist HB um die gb. HG größer, als die zu E in gb. Vh. stehende GB.

And. Beweis.

Da AB : CD gb., und CD um eine gb. größer ist, als die zu E in gb. Vh. stehende, so ist (D. 13.) auch AB um eine gb. AG größer, als die zu E in gb. Vh. stehende GB. Weil nun HA gb. ist, so ist (D. 3.) auch

HG gb. Mithin ist HB um die gb. HG größer, als die zu E in gb. Vh. stehende GB.

Satz 22 *). (11.)

Wenn zwei Größen AB, BC zu einer dritten DF in gegebenen Verhältnissen stehen, so hat auch die Summe AC der beiden ersten zu derselben dritten DF ein gegebenes Verhältniß. (F. 4.)

Das Vh. AB : BC ist gb. (D. 8.), also ist (D. 6.) auch AC : CB gb. Da nun CB : DF gb. ist, so ist (D. 8.) AC : DF gb.

Satz 23. (12.)

Wenn ein Ganzes CD zu einem Ganzen EB ein gegebenes Verhältniß hat, und auch die Theile CF, FD zu den Theilen EG, GB in gegebenen, aber nicht in ebendenselben, Verhältnissen stehen, so haben alle zu allen (alle einzelnen der genannten Größen zu einander) gegebene Verhältniße. (F. 14.)

Gesetzt, es sey eine Gr. AB, zu welcher sich CD verhalte, wie FD : GB, so ist das Vh. CD : AB gb. Auch ist CF : AG = FD : GB (V. 19.), also gb. Da nun CF : EG gb. ist, so ist (D. 8.) auch EG : AG gb., und (D. 5.) EG : EA gb. Weil aber sowohl CD : EB, als CD : AB gb. ist, so ist (D. 8.) EB : BA gb., und (D. 5.) BE : EA gb. Es ist aber EA : EG gb., also (D. 8.) auch BE : EG gb., und (D. 5. cor.) BG : GE gb. Da zugleich BG : DF

*) S. 20. s. bei S. 15.; S. 21. ist Wiederholung des 14ten Satzes.

und GE : FC gb. ist, so sind die Vhh. zwischen allen Grr. gb. [Es ist nämlich (D. 9.) DF : FC gb., und (D. 6.) CD : DF, DC : CF gb.]

Satz 24. (13.)

Wenn 3 gerade Linien A, B, C in stetiger Proportion sind, und die erste A zur dritten C ein gegebenes Verhältniß hat, so hat sie auch zur zweiten B ein gegebenes Verhältniß. (F. 19.)

Gesetzt, es sey eine gb. g. L. D, welche sich zu einer anderen g. L. F verhalte, wie A : C, so ist (D. 2.) F gb. Die mittlere Prop. L. zwischen D und F sey E, so ist (VI. 17.) $D \times F = E^2$. Aber das Rechteck aus D und F ist gb., weil seine Seiten gb. sind, also ist auch das Quadrat von E gb., und folglich die g. L. E gb. Da zugleich D gb. ist, so ist (D. 1.) D : E gb. Nun ist $A : C = A^2 : A \times C$ und $D : F = D^2 : D \times F$ (VI. 1.), also (V. 11.) $A^2 : A \times C = D^2 : D \times F$. Aber (VI. 17.) $A \times C = B^2$ und $D \times F = E^2$. Daher ist (V. 7.) $A^2 : B^2 = D^2 : E^2$, folglich (VI. 22.) $A : B = D : E$, also gb. *).

Satz 25. (28.)

Wenn zwei, der Lage nach, gegebene Linien AB, CD einander schneiden, so ist ihr Durchschnittspunct E gegeben. (F. 20.)

Wäre er nicht gegeben, so würde er seine Stelle än-

*) Im griech. Texte findet sich ein zweiter, ohne Zweifel unächter, Beweis, welcher auf einem falschen Satze beruht.

dern (D. def. 4) *), also würde zugleich eine der LL. AB, CD ihre Lage ändern. Dieß findet aber nicht Statt (D. def. 4.), also ist der P. E gb.

[Da die LL. AB, CD gefunden werden können (D. def. 4.), so kann man auch den P., oder die PP. finden, wo sie einander schneiden, also sind diese PP. der Lage nach gb.]

Satz 26. (29.)

Wenn die Endpuncte A, B einer geraden Linie AB der Lage nach gegeben sind, so ist die gerade Linie der Lage und Größe nach gegeben. (F. 21.)

Wenn, während der P. A an seiner Stelle bliebe, die Lage, oder Gr. der g. L. AB sich änderte, so würde auch der P. B seine Stelle ändern. Dieß geschieht aber nicht (D. def. 4.), also ist die AB der Lage und der Gr. nach gb.

[Die Endpuncte A, B können gefunden werden (D. def. 4.), zwischen ihnen kann man (I. post. 1.) die g. L.

*) Da auf diese, falsch ausgedrückte, Definition die Beweise von S. 25 26. 28. 29. und die ersten Beweise von S. 27. 30. sich gründen, so folgt aus denselben nur, daß die g. LL. und PP., von welchen die Rede ist, der Lage nach bestimmt, aber nicht, daß sie der Lage nach gegeben sind. Eben so wenig befriedigend sind Simson's Beweise von S. 26. 27. 28. 29., weil er diese Sätze von I. post. 1. 3. 31. 23. abhängig macht, bei welchen die Wahrheit der zu beweisenden Sätze schon vorausgesetzt wird.

AB ziehen, diese hat eine unveränderliche Lage (I. Ax. 12.) und ihre Größe ist gefunden.]

Satz 27. (30.)

Wenn von einer, der Lage und Größe nach, gegebenen geraden Linie AB der eine Endpunct A gegeben ist, so ist auch der andere gegeben. (F. 21.)

Wenn, während A bliebe, B seine Stelle änderte, so würde die Lage, oder Gr. der g. L. AB sich ändern. Dieß geschieht nicht (D. def. 4.), also ist B gb.

[Da AB der Gr. nach gb. ist, so kann man (D. def. 1.) eine ihr gl. g. L. D finden. Von der, der Lage nach, gb. g. L. schneide man eine, der D gleiche, AB ab (I. 3.), so ist der P. B gefunden.]

And. Beweis. (F. 22.)

Aus dem MP. A mit dem Hbm. AB sey ein K. BC beschrieben. Dieser K. ist (D. def. 6.) der Lage nach gb. Da auch AB der Lage nach gb. ist, so ist (D. 25.) der P. B gb.

Satz 28. (31.)

Wenn durch einen gegebenen Punct A eine gerade Linie DAE, parallel mit einer, der Lage nach, gegebenen BC, gezogen ist, so ist sie auch der Lage nach gegeben. (F. 23.)

Sonst würde, während A bliebe, die Lage der DAE sich ändern. Bliebe sie in der veränderten Lage FAG, mit der BC parallel, so wären (I. 30.) DAE, FAG mit einander selbst p. Aber zugleich träfen sie zusammen, welches unmöglich ist (I. def. 35.). Also kann sich die Lage der DAE nicht ändern, mithin ist sie der Lage nach gb. (D. def. 4.)

[Durch A ziehe man (I. 31.) eine g. L. DAE p. mit BC. Diese hat immer dieselbe Lage, weil keine andere g. L. durch A p. mit BC gezogen werden kann. Also ist die so gefundene g. L. der Lage nach gb.]

Satz 29. (32.)

Wenn an eine, der Lage nach, gegebene gerade Linie AB, durch einen auf derselben gegebenen Punct C, eine gerade Linie CD gezogen ist, welche mit jener einen gegebenen Winkel ACD macht, so ist diese CD der Lage nach gegeben. (F. 24.)

Sonst würde, während C bliebe, die Lage der CD sich ändern. Bliebe bei der veränderten Lage CE die Gr. des W. dieselbe, so wäre der W. DCA dem ECA gleich, der größere gl. dem kleineren, welches unmöglich ist. Also ist CD der Lage nach gb.

[Da der W. ACD gb. ist, so kann man (D. def. 1.) einen ihm gl. W. F finden. Nun setze man (I. 23.) an die gb. g. L. AB, und den in derselben gb. P. C, einen W. ACD, welcher dem F gl. sey. Die DC behält immer dieselbe Lage, weil eine andere, durch C gezogene, g. L. mit der AB einen größeren, oder kleineren W., als F machen würde. Daher ist die so gefundene g. L. der Lage nach gb Auf jeder Seite von AB können zwei g. LL. durch C gezogen werden, welche mit AB gl. (schiefe) WW. machen.]

Satz 30. (33.)

Wenn an eine, der Lage nach, gegebene gerade Linie

BC durch einen, außerhalb derselben, gegebenen Punct A eine gerade Linie AD gezogen ist, welche mit jener einen gegebenen Winkel ADB macht, so ist auch diese AD der Lage nach gegeben. (F. 25.)

Sonst würde, während A bliebe, die Lage der AD sich ändern. Bliebe bei der veränderten Lage AE der W. eben so groß, so wäre der W. ADB gl. dem AEB, der größere (I. 16.) gl. dem kleineren. Also ist AD der Lage nach gb.

Zweiter Beweis.

Es sey durch A eine g. L. FAG p. mit BDC gezogen, so ist (D. 28.) die FAG der Lage nach gb. Da nun der W. DAG=ADB (I. 29), also gb. ist, so ist AD der Lage nach gb. (D. 29.)

Dritter Beweis.

Auf der BC sey irgend ein gb. P. H genommen *), und durch H sey eine g. L. HF mit DA p. gezogen. Da der W. FHB=ADB (I. 29.), also gb., und auch der P. H gb. ist, so ist HF der Lage nach gb. (D. 29.). Also ist auch DA der Lage nach gb. (D. 28.)

Vierter Beweis.

Auf der BC sey ein gb. P. E genommen, und es sey die g. L. AE gezogen. Da die PP. A, E gb. sind, so ist

*) Auf einer, der Lage nach gb., g. L. ist nämlich die Lage aller PP. gb., also ist jeder, auf derselben willkührlich angenommene P. als gb. zu betrachten.

AE der Lage nach gb. (D. 26). Weil zugleich BC der Lage nach gb. ist, so ist der W. AED gb. Aber ADB ist gb., also ist der Unterschied der WW. ADB, AED, nämlich (I. 32.) der W. EAD, ebenfalls gb. (D. 4.). Daher ist AD der Lage nach gb. (D. 29.)

Satz 31. (34.)

Wenn von einem gegebenen Puncte G an eine, der Lage nach, gegebene gerade Linie CD eine, der Größe nach, gegebene GH gezogen ist, so ist diese auch der Lage nach gegeben. (F. 26.)

Gesetzt, es sey aus dem MP. G mit dem Hbm. GH ein K. KHL beschrieben, so ist (D. def. 6.) dieser K. der Lage nach gb., weil sein MP. der Lage nach, und sein Hbm. der Gr. nach gb. ist. Aber auch die g. L. CD ist der Lage nach gb., also ist (D. 25.) der Durchschnitts-P. H gb. Da zugleich G gb. ist, so ist die GH der Lage nach gb. (D. 26.)

[Bestimmung.

Die der Gr. nach gb. g. L. darf nicht kleiner seyn, als das von dem gb. P. auf die, der Lage nach, gb. g. L. gefällte Loth. Ist sie größer, so lassen sich zwei g. LL. von der gb. Gr. aus G an CD ziehen, weil der K. KHL die CD in 2 PP. schneidet.]

Satz 32. (35.)

Wenn zwischen zwei, der Lage nach, gegebenen Parallel-Linien AB, CD eine gerade Linie EF gezogen ist, welche mit jenen gegebene Winkel BEF, EFD macht, so ist diese EF der Größe nach gegeben. (F. 26.)

Auf der CD sey ein P. H als gb. angenommen, und durch H sey eine g. L. HG mit FE p. gezogen, so ist der W. GHD = EFD (I. 29.), also gb. Daher ist (D. 29.) HG der Lage nach gb., folglich (D. 15.) G gb., also (D. 26.) GH der Gr. nach gb. Aber EF = GH (I. 34.), also ist EF der Gr. nach gb.

Satz 33. (36.)

Wenn zwischen zwei, der Lage nach, gegebenen Parallel-Linien AB, CD eine, der Größe nach, gegebene gerade Linie EF gezogen ist, so macht diese mit jenen gegebene Winkel BEF, EFD. (F. 26.)

Auf der AB sey ein P. G als gb. angenommen, und durch G sey eine g. L. GH mit EF p. gezogen, so ist (I. 34.) GH = EF, also der Gr. nach gb. Da zugleich G gb. ist, so ist (D. def. 6.) ein, aus dem MP. G mit dem Hbm. GH beschriebener, K. KHL der Lage nach gb. Daher ist der DurchschnittsP. H gb. (D. 25.), also (D. 26.) GH der Lage nach gb. Weil auch CD der Lage nach gb. ist, so ist der W. {GHD, GHC} gb. Aber (I. 29.) {GHD = EFD, GHC = EFC = FEB}, also sind die WW. EFD, FEB gb.

And. Beweis. (F. 27.)

Auf der CD sey ein P. M als gb. angenommen, und die MN = EF abgeschnitten; aus dem MP. M mit dem Hbm. MN sey ein K. NO beschrieben. Dieser K. ist der Lage nach gb. (D. def. 6.), also ist (D. 25.) der P. O gb., wo er die, der Lage nach, gb. g. L. AB schneidet. Da zugleich M gb. ist, so ist MO der Lage nach gb. (D. 26.).

Aber auch CD ist der Lage nach gb., also ist der W. OMD gb. Ist nun OM p. mit EF, so ist auch der W. EFD, und zugleich FEA gb. (I. 29.). Treffen aber die g. LL. EF, OM zusammen in P, so ist (VI, 2.) OM : MP = EF : FP. Da nun OM = NM = EF, so ist auch MP = FP (V. 14.), folglich (I. 5.) W. PMF = PFM. Aber PMF = dem gb. W. OMD (I. 15.), also ist auch PFM, und sein NebenW. EFD gb., so wie (I. 29.) BEF.

[Bestimmung.

Die der Gr. nach gb. g. L. darf nicht kleiner seyn, als das von einem P. der einen PL. auf die andere gefällte Loth.]

[Satz E. (37.)

Wenn von zwei Parallel-Linien AB, CD, zwischen welchen eine, der Größe nach, gegebene gerade Linie EF unter gegebenen Winkeln BEF, EFD gezogen ist, die eine AB der Lage nach gegeben ist, so ist auch die andere CD der Lage nach gegeben. (F. 26.)

Auf der AB sey ein gb. P. G angenommen, und durch G sey eine g. L. GH mit EF p. gezogen. Da der W. BGH = BEF (I. 29.), also gb. ist, so ist GH der Lage nach gb. (D. 29.). Weil aber GH = EF (I. 34.), so ist GH auch der Gr. nach gb., folglich ist H gb. (D. 27.). Mithin ist CD der Lage nach gb. (D. 28.).]

Satz 34. (38.)

Wenn durch einen gegebenen Punct E an zwei, der Lage nach, gegebene Parallel-Linien AB, CD eine gerade

Linie {EFG | FEG} gezogen ist, so wird sie in gegebenem Verhältniße geschnitten, [so, daß die Segmente EF, EG zwischen dem gb. P. und jeder der beiden PLL. ein gb. Vh. zu einander haben]. (F. {28. | 29.})

Von E sey auf CD ein Loth EK gefällt, welches {zwischen E und K | rückwärts verlängert} die AB in H treffe. Die g. L. EK ist, weil sie von einem gb. P. E unter einem gb. W. an die, der Lage nach, gb. CD gezogen ist, der Lage nach gb. (D. 30.). Weil auch die beiden AB, CD der Lage nach gb. sind, so sind (D. 25.) die PP. H, K gb. Da zugleich E gb. ist, so sind EH, EK der Gr. nach gb. (D. 26.), folglich ist ihr Vh. gb. (D. 1.). Aber FE : EG = HE : EK (I. 29. VI. 4.), also ist auch FE : EG gb.

Satz 35. Satz 36. (39.)

Wenn von einem gegebenen Puncte E an eine, der Lage nach, gegebene gerade Linie CD eine gerade Linie EG gezogen, und {diese in gegebenem Verhältniße geschnitten | dieser eine, mit ihr in gegebenem Verhältniße stehende, EF angesetzt}, durch den {Durchschnittspunct | Endpunct} F aber eine gerade Linie AB, mit der ersten CD parallel, gezogen ist, so ist diese AB der Lage nach gegeben. [Wenn die, zwischen einem gegebenen Puncte E, und zwei Parallel-Linien AB, CD, abgeschnittenen Stücke

EF, EG einer geraden Linie {EFG / FEG} ein gegebenes Verhältniß zu einander haben, und eine der Parallelen CD der Lage nach gegeben ist, so ist auch die andere AB der Lage nach gegeben.] (F. {28. / 29.}) *)

Von E sey auf CD das Loth EK gefällt, welches die AB in H treffe. EK ist der Lage nach gb. (D. 30.), also ist (D. 25.) K gb., und (D. 26.) EK der Gr. nach gb. Da nun FE : EG = HE : EK (I. 29. VI. 4.), so ist HE der Gr. nach gb. (D. 2.). Weil sie zugleich der Lage nach, und der P. E gb. ist, so ist H gb. (D. 27.). Also ist AB der Lage nach gb. (D. 28.)

Satz 37. Satz 38. (40.)

Wenn zwischen zwei, der Lage nach, gegebenen Parallel-Linien AB, CD eine gerade Linie EF gezogen, und {diese in gegebenem Verhältniße geschnitten / dieser eine mit ihr in gegebenem Verhältniße stehende EG angesetzt} ist, durch den {Durchschnittspunct / Endpunct} G aber eine gerade Linie HK, mit den beiden AB, CD parallel, gezogen ist, so ist diese HK der Lage nach gegeben. [Wenn die, zwischen 3 Parallel-Linien AB, CD, HK abgeschnittenen, Stücke EF, EG einer geraden Linie {EGF / GEF} ein gegebenes Verhältniß zu einander haben, und zwei

*) Für den dritten, von Simson bezeichneten, Fall, wenn G zwischen E und F liegt, gilt derselbe Beweis.

von den Parallelen AB, CD der Lage nach gegeben sind, so ist auch die dritte HK der Lage nach gegeben.] (F. {30. 31.})

Auf der AB sey ein gb. P. L angenommen, und von L auf CD das Loth LM gefällt, welches die HK in N treffe. LM ist der Lage nach gb. (D. 30.), also ist (D. 25.) M gb., folglich LM auch der Gr. nach gb. (D. 26.). Nun ist FE : EG = ML : LN (VI. 2. cor.). Daher ist LN der Gr. nach gb. (D. 2.). Da sie auch der Lage nach, und der P. L gb. ist, so ist N gb. (D. 27.). Also ist HK der Lage nach gb. (D. 28.)

[Satz F. (41.)

Wenn eine gerade Linie GEF von drei, der Lage nach, gegebenen Parallel-Linien AB, CD, HK geschnitten wird, so stehen die Segmente FE, EG in gegebenem Verhältniße zu einander. (F. 31.)

Auf AB sey ein gb. P. L angenommen, und von L auf CD das Loth LM gefällt, welches die HK in N treffe. LM ist der Lage nach gb. (D. 30.), also sind (D. 25.) M und N gb., und (D. 26.) LM, LN der Gr. nach gb., folglich ist ML : LN gb. (D. 1.). Da nun FE : EG = ML : LN (VI. 2. cor.), so ist auch das Vh. FE : EG gb.]

Satz 39. (42.)*)

Wenn in einem Dreiecke ABC, jede Seite der Größe

*) Simson beweist diesen Satz vermittelst der Aufgabe I. 22.; allein die Möglichkeit, die letztere aufzulösen, ist durch den erstern Satz bedingt.

nach gegeben ist, so ist das Dreieck der Art nach gegeben. (F. 32.)

Es sey eine, der Lage nach, gb. g. L. DL, und auf derselben ein gb. P. D angenommen. Von D aus seyen auf DL die g. LL. DE=AB, EF=BC, FG=CA abgeschnitten. Da AB, BC, CA gb. sind, so sind auch DE, EF, FG der Gr. nach gb. Weil sie zugleich der Lage nach gb. sind, und der Endp. D gb. ist, so sind die PP. E, F, G gb. (D. 27.). Nun sey aus dem MP. $\left\{\begin{matrix} E \\ F \end{matrix}\right\}$ mit dem Hbm. $\left\{\begin{matrix} ED \\ FG \end{matrix}\right\}$ ein K. $\left\{\begin{matrix} DHK \\ GMK \end{matrix}\right\}$ beschrieben. Beide KK. sind der Lage nach gb. (D. def. 6.), also ist auch (D. 25.) ihr Durchschnittsp. K gegeben. Da auch E, F gb. sind, so ist, wenn man EK, FK zieht, jede der 3 g. LL. KE, EF, FK der Lage und Gr. nach gb. (D. 26.). Folglich ist das △ KEF der Art nach gb. (D. def. 3.). (Denn, weil die Seiten KE, EF, FK der Lage nach gb. sind, so schließen sie gb. WW. ein, und, weil sie der Gr. nach gb. sind, so ist (D. 1.) ihr Vh. zu einander gb.) Aber das △ KEF ist dem △ ABC gleich und ähnlich (I. 8. VI. def. 1.), also ist auch dieses der Art nach gb.

Satz 40. (43.)

Wenn in einem Dreiecke ABC jeder Winkel der Größe nach gegeben ist, so ist das Dreieck der Art nach gegeben. (F. 33.)

Es sey eine, der Lage und Gr. nach, gb. g. L. DE angenommen. An die DE sey in dem P. D ein W. EDF =BAC, und in dem P. E ein W. DEF=ABC angesetzt; so ist in dem △ DEF der dritte W. DFE=ACB (I. 32.). Da nun die WW. A, B, C gb. sind, so sind auch die WW. D, E, F gb. Weil zugleich die PP. D, E, und die g. L. DE, der Lage nach, gb. sind, so sind die g. LL. DF, EF der Lage nach gb (D. 29.), folglich ist der P. F gb. (D. 25.). Also sind die g. LL. DE, EF, FD der Lage und Gr nach gb. (D. 26.). Mithin ist das △ DEF der Art nach gb. (D. def. 3., oder D. 39.). Aber △ DEF ∽ △ ABC (VI. 4.), also ist auch das △ ABC der Art nach gb.

Satz 41. (41.)

Wenn in einem Dreiecke ABC ein Winkel BAC gegeben ist, und die, um diesen Winkel liegenden, Seiten BA, AC ein gegebenes Verhältniß zu einander haben, so ist das Dreieck der Art nach gegeben. (F. 33.)

Es sey eine, der Lage und Gr. nach, gb. g. L. DE angenommen. An die DE sey in dem P. D ein W. EDF =BAC gesetzt, so ist der W. EDF gb. Da zugleich der P. D und die g. L. DE der Lage nach gb. sind, so ist auch die DF der Lage nach gb. (D. 29.). Gesetzt nun, zu der DF verhalte sich die DE, wie AB : AC, so ist (D. 2.) die DF der Gr. nach gb. Folglich ist der P. F gb. (D. 27.). Aber auch die PP. D, E sind gb., mithin sind die g. LL. DE, EF, FD der Lage und Gr. nach gb. (D. 26.). Also ist das △ DEF der Art nach gb. (D. def. 3., oder D. 39.). Nun ist (VI. 6.) △ DEF ∽ △ ABC, daher ist auch das △ ABC der Art nach gb.

Satz 42. (45.)

Wenn in einem Dreiecke ABC die Seiten zu einander ein gegebenes Verhältniß haben, so ist das Dreieck der Art nach gegeben. (F. 33.)

Es sey eine, der Gr. nach, gb. g. L. G angenommen. Gesetzt, diese verhalte sich zu einer andern g. L. H, wie AB : BC, und die H zu einer dritten K, wie BC : CA, so ist H, folglich auch K, der Gr. nach gb. (D. 2.). Von den g. LL. G, H, K sind je zwei zusammen größer, als die dritte [weil nämlich z. B. AB + BC : BC = G + H : H (V. 18.), und BC : CA = H : K, also (V. 22.) AB + BC : CA = G + H : K, folglich G + H > K (Elem. V. prop. Sims. A.), da (I. 20.) AB + BC > CA]. Nun sey ein △ DEF errichtet aus 3 g. LL. DE, EF, FD, welche den dreien G, H, K stückweise gl. seyen, so sind auch DE, EF, FD der Gr. nach gb., folglich ist (D. 39.) das △ DEF der Art nach gb. Es ist aber $\left\{\begin{matrix} AB : BC = G : H = DE : EF \\ BC : CA = H : K = EF : FD \end{matrix}\right\}$ (V. 7. 11.), also auch AB : CA = DE : FD (V. 22.), daher ist (VI. 5.) △ ABC ∽ △ DEF. Mithin ist auch das △ ABC der Art nach gb.

[Bestimmung.

Wenn ein △ gefunden werden soll, dessen Seiten sich zu einander verhalten, wie 3 gb. g. LL., so müssen von diesen je zwei zusammen größer seyn, als die dritte.] *)

Satz 43. (46.)

Wenn in einem, bei A rechtwinkligten, Dreiecke ABC die um einen der spitzigen Winkel liegenden Seiten AB,

*) Aehnliche Bestimmungen finden statt bei S. 39. 40. 43. 44. 45. 46.

BC ein gegebenes Verhältniß zu einander haben, so ist das Dreieck der Art nach gegeben. (F. 34.)

Es sey eine, der Lage und Gr. nach, gb. g. L. EF angenommen, und über EF sey ein Halbkreis EDF beschrieben, so ist dieser der Lage nach gb. (D. def. 8.). Zu einer anderen g. L. G verhalte sich die EF, wie CB : BA, so ist auch die G gb. (D. 2.). Da CB>BA ist (I. 19.), so ist (V. 16. 14.) EF>G. Nun sey in den Halbkreis EDF eine g. L. ED=G eingetragen, und die DF gezogen, auch aus dem MP. E, mit dem Hbm. ED, ein K. HDK beschrieben. Auch dieser K. ist der Lage nach gb. (D. def. 6.). Also ist der P. D gb. (D. 25.). Es sind aber E, F gb., also sind die g. LL. DE, EF, FD, der Lage und Gr. nach, gb. (D. 26.). Daher ist das △ DEF der Art nach gb. (D. def. 3., oder D. 39.). Weil nun die WW. BAC, EDF einander gleich (III. 31. I. Ax. 10.), die um die WW. ABC, DEF liegenden Seiten prop. sind (V. 7.), und von den WW. BCA, EFD jeder kleiner, als ein r. W. ist (I. 17.), so ist (VI. 7.) △ ABC ∽ △ DEF. Folglich ist auch das △ ABC der Art nach gb.

[Es sey eine, der Lage und Gr. nach, gb. g. L. ED angenommen. Diese verhalte sich zu einer anderen EL, wie AB : BC, so ist EL der Gr. nach gb. (D. 2.). Da AB<BC (I. 19.), so ist DE<EL (Elem. V. prop. Sims. A.). Auf der ED sey das Loth DF errichtet, und aus dem MP. E, mit dem Hbm. EL, ein K. LF beschrieben, so ist (D. 29.) die g. L. DF, und (D. def. 6.) der K. LF der Lage nach gb., also (D. 25.) auch ihr Durchschnittsp. F. Daher sind DE, EF, FD der Gr. nach gb. (D. 26.), also ist das △ DFE der Art nach gb. (D. 39.). Es ist aber △ DFE ∽ △ ABC (VI. 7.), folglich ist auch dieses der Art nach gb.]

Satz 44. (47.)

Wenn in einem Dreiecke ABC ein (schiefer) Winkel BAC gegeben ist, und die, um einen anderen Winkel liegenden, Seiten AB, BC ein gegebenes Verhältniß zu einander haben, so ist das Dreieck der Art nach gegeben. (F. {35. / 36.})

Der gb. W. BAC sey {spitzig / stumpf}. Von B sey auf die {Seite AC / verlängerte CA} das Loth BD gefällt. Da die WW. BDA, BAC gb. sind, so ist (I. 32. D. {3. 4. / 4.}) auch der W. ABD gb., also ist das △ BAD der Art nach gb. (D. 40.). Daher ist das Vh. AB : BD gb. (D. def. 3.). Weil auch AB : BC gb. ist, so ist DB : BC gb. (D. 8.). Also ist das rechtwinklichte △ BDC der Art nach gb. (D. 43.), folglich der W. BCD gb. (D. def. 3.). Es ist aber der W. BAC gb., also auch der dritte W. ABC (I. 32. D. 3. 4.). Mithin ist das △ ABC der Art nach gb. (D. 40.)

[Ist das gb. Vh. AB : BC das Vh. der Gleichheit, so ist der W. BCA = BAC (I. 5.), also auch gb., folglich ist auch der W. ABC gb. (I. 32.), und das △ ABC der Art nach gb. (D. 40.). Ist aber AB : BC das Vh. des {kleineren zum größeren (F. 37.) / größeren zum kleineren (F. 38.)}, so sey eine, der Lage und Gr. nach, gb. g. L. DE angenommen, und diese verhalte sich zu einer anderen g. L. EG, wie AB : BC. Die EG ist der Gr. nach gb. (D. 2.). An die ED sey in dem P. D ein W. EDF=BAC gesetzt, welcher folglich gb. ist, und aus dem MP. E sey mit dem Hbm. EG ein K. GF beschrieben. Dieser K. schneide die DF in { dem P. F, | den PP. }

so ist, | F, f, so sind, } weil (D. 29.) die g. L. DF und (D. def. 6.) der K. GF der Lage nach gb. sind, { der P. F | die PP. F, f } gb. (D. 25.). Also sind die g. LL. DE, { EF, FD | EF, Ef, FD, fD } der Gr. nach gb. (D. 26.), und { das △ DEF ist | die △△ DEF, DEf sind } der Art nach gb. (D. 39.). Nun ist, { weil AB<BC, also | der W. EFf=EfF } auch DE<EG (Elem. V. pr. Sims. A.), oder DE<EF ist, (I. 5.), also jeder kleiner, als ein r. W. (I. 17.), folglich jeder der WW. ACB, DFE< ein r. W. (I. 18. 17.) | der Nebenwinkel DfE> ein r. W. (I. 13.) }. Folglich ist (VI. 7.) das △ ABC ähnlich dem △ { DEF | DEF, oder DEf, je nachdem ABC < ein r. W., oder nicht }. Mithin ist auch das △ ABC der Art nach gb. Wenn in dem Falle, da AB>BC, der K. GF die DF in einem P. F berührt, so ist (III. 18.) DFE ein r. W., also findet der, von Simson beigefügte, dritte Fall des Satzes VI. 7. Statt.]

Satz 45. (48.) Satz 46. (49.)

Wenn in einem Dreiecke ABC ein Winkel { BAC | ABC }

gegeben ist, und die Summe der, um } den gegebenen {
} einen anderen {
Winkel liegenden, Seiten BA, AC zur dritten Seite BC ein gegebenes Verhältniß hat, so ist das Dreieck der Art nach gegeben. (F. 39.)

Der W. BAC sey durch eine g. L. AD in zwei gleiche Theile getheilt. Da nun BA : AC = BD : DC (VI. 3.), so ist (V. 16.) AB : BD = AC : CD, folglich (V. 12.) BA + AC : BC = AB : BD. Also ist AB : BD gb. Es ist aber der W. } BAD gb. (I. 9.) {, daher ist das △ ABD der
} ABD gb. {
Art nach gb. (D. } 44. {), mithin (D. def. 3.) der W.
} 41. {
} ABD, oder ABC { gb., also auch der
} BAD, und zugleich (D. 3.) BAC {
dritte W. ACB (I. 32.). Folglich ist das △ ABC der Art nach gb. (D. 40.)

(And. Beweis.

Auf der verlängerten BA sey AE = AC abgeschnitten, und es sey die EC gezogen. So ist EB : BC gb. } Auch
} Aber
ist der W. BEC die Hälfte von BAC (I. 5. 32.), also gb. der W. ABC, oder EBC ist gb.
(I. 9.) {, folglich das △ EBC der Art nach gb. (D. } 44. {).
} 41. {
Mithin ist (D. def. 3.) der W. } EBC, oder ABC {
} BEC, und (D. 3.) BAC {
gb., also auch der dritte W. ACB (I. 32.), folglich das △ ABC der Art nach gb. (D. 40.)

Satz 47. (51.)

Eine, der Art nach, gegebene geradlinichte Figur ABCDE läßt sich in Dreiecke theilen, welche der Art nach gegeben sind. (F. 40.)

Es seyen die g. LL. EB, EC gezogen. Der W. BAE und das Vh. BA : AE sind gb. (D. def. 3.) Daher ist das △ BAE der Art nach gb. (D. 41.), und der W. ABE gb. Da zugleich der ganze W. ABC gb. ist (D. def. 3.), so ist (D. 4.) auch der W. EBC gb. Es ist aber das Vh. AB : BE, und zugleich AB : BC gb., also ist auch EB : BC gb. (D. 8.). Daher ist das △ EBC der Art nach gb. (D. 41.). Auf dieselbe Weise ist das △ ECD der Art nach gb. Die F. ABCDE ist also in △△ getheilt, welche der Art nach gb. sind.

Satz 48. (52.)

Wenn über eben derselben geraden Linie AB zwei, der Art nach, gegebene Dreiecke ABC, ABD beschrieben sind, so haben sie ein gegebenes Verhältniß zu einander. (F. 41.)

In den PP. A, B seyen auf AB die Lothe EAF, GBH errichtet, und durch C, D die g. LL. ECG, FDH mit AB p. gezogen. Da der W. CAB gb. ist (D. def. 3.), und zugleich der r. W. EAB, so ist auch EAC gb. (D. 4.). AEC ist ein r. W. (I. 29.), und ECA = CAB (I. 29.), also gb. Folglich ist das △ AEC der Art nach gb. (D. 40.), und das Vh. EA : AC gb. Es ist aber CA : AB gb., also EA : AB gb. (D. 8.). Aus demselben Grunde ist auch FA : AB gb., folglich EA : AF gb. (D. 8.). Aber wie EA : AF verhält sich das R. EB zu dem R. FB (VI. 1.), und die Hälften der RR. EB, FB sind die △△ ABC, ABD (I. 41.). Also ist das Vh. der △△ ABC, ABD zu einander gb. (V. 15.)

[Durch C sey eine g. L. CK mit AB p. gezogen, und von B eine g. L. an den P. K, wo die CK die verlängerte DA trifft. Da der W. ACK = CAB, und AKC = DAB (I. 29.), also die WW. ACK, AKC gb. sind, so ist (I. 32. D. 40.) das △ ACK der Art nach gb., und KA : AC gb. Es sind aber CA : AB, und BA : AD gb., folglich ist KA : AD gb. (D. 8.). Aber KA : AD = △ KAB : △ ABD (VI. 1.), und dem △ KAB ist das △ ABC gleich (I. 37.). Mithin ist das Vh. des △ ABC zum △ ABD gb. (V. 7.).]

Satz 49. (53.)

Wenn über eben derselben geraden Linie AB zwei, der Art nach, gegebene geradlinichte Figuren von irgend einer Anzahl Seiten ABCDE, ABFG, beschrieben sind, so haben sie ein gegebenes Verhältniß zu einander. (F. 42.)

Es seyen die g. LL. AC, AD, AF gezogen, so ist jedes der △△ ABC, ACD, ADE, ABF, AFG der Art nach gb. (D. 47.). Daher ist das Vh. des △ ADE zum △ ACD gb. (D. 48.), folglich (D. 6.) auch das Vh. der F. ACDE zum △ ACD. Es ist aber das Vh. des △ ACD zum △ ABC gb. (D. 48.), also (D. 8.) das Vh. der F. ACDE zum △ ABC, mithin auch das Vh. der ganzen F. ABCDE zum △ ABC gb. (D. 6.). Auf dieselbe Weise ist das Vh. der F. ABFG zum △ ABF gb. Nun haben die △△ ABC, ABF ein gb. Vh. zu einander (D. 48.), mithin auch (D. 8.) die FF. ABCDE, ABFG.

Satz 50. (54.)

Wenn zwei gerade Linien AB, CD ein gegebenes Verhältniß zu einander haben, und über denselben zwei ähnliche geradlinichte Figuren ABE, CDF auf ähnliche Weise beschrieben sind, so haben auch diese zu einander ein gegebenes Verhältniß. (F. 43.)

Es sey G die 3te Proportionall. zu AB, CD, so ist CD : G=AB : CD, also gb., folglich (D. 8.) auch AB : G gb. Aber wie AB : G verhält sich die F. ABE zu der F. CDF (VI. 20. cor. 2.); also stehen diese FF. in gb. Verhältniße.

Satz 51. (55.)

Wenn zwei gerade Linien AB, CD ein gegebenes Verhältniß zu einander haben, und über denselben zwei, zwar nicht ähnliche, aber der nach gegebene, geradlinichte Figuren ABH, CDF beschrieben sind, so haben auch diese zu einander ein gegebenes Verhältniß. (F. 43.)

Ueber AB sey eine, der F. CDF ähnliche und ähnlich liegende, F. ABE beschrieben; so ist auch diese der Art nach gb. Sie hat aber, weil AB : CD gb. ist, ein gb. Vh. zu der F. CDF (D. 50.). Nun ist (D. 49.) das Vh. der F. ABH zur F. ABE gb.; folglich (D. 8.) auch das Vh. der F. ABH zur F. CDF.

Satz 52. (56.)

Wenn über einer, der Große nach, gegebenen geraden Linie AB eine, der Art nach, gegebene Fig. ABCDE beschrieben ist, so ist sie auch der Größe nach gegeben. (F. 44.)

Ueber AB sey ein Q. AF beschrieben; so ist die F. AF, der Art und der Gr. nach, gb. Also ist ihr Vh. zur F. ABCDE gb. (D. 49.); mithin ist die F. ABCDE der Gr. nach gb. (D. 2.)

Satz 53. (57.)

Wenn zwei Figuren ABH, CDF der Art nach gegeben sind, und eine Seite AB der einen zu einer Seite CD der anderen ein gegebenes Verhältniß hat, so haben auch die übrigen Seiten der ersten Figur zu den übrigen Seiten der anderen gegebene Verhältnisse. (F. 43.)

Da das Vh. AB : CD, und zugleich (D. def. 3.) die Vhh. AB : BK, CD : DF gb. sind, so ist BK : DF gb. (D. 8. oder 9.). Ebenso ist das Vh. zwischen den übrigen Seiten gb.

Satz G. (58.)

Wenn zwei ähnliche geradlinichte Figuren ABE, CDF ein gegebenes Verhältniß zu einander haben, so haben auch ihre homologen Seiten AB, CD zu einander ein gegebenes Vh. (F. 43.).

Es sey G die 3te Prop. L. zu AB, CD; so ist AB : G einerlei mit dem Vh. der F. ABE zur F. CDF (VI. 20. cor. 2.), also gb.; folglich ist AB : CD gb. (D. 24.).

Satz 54. (59.)

Wenn zwei, der Art nach, gegebene Figuren ABE, CFD, oder ABH, CFD ein gegebenes Verhältniß zu einander haben, so haben auch ihre Seiten zu einander ein gegebenes Verhältniß. (F. 13.).

a. Die in gb. Vh. stehenden FF. ABE, CFD seyen ähnlich. Ihre homologen Seiten AB, CD haben zu einander ein gb. Vh. (D. G.). Da die FF. der Art nach gb. sind, so sind folglich auch die Vhh. zwischen ihren übrigen Seiten gb. (D. 53.).

b. Die in gb. Vh. stehenden FF. ABH, CDF seyen nicht ähnlich. Ueber AB sey eine, der F. CDF ähnliche und ähnlich liegende, F. ABE beschrieben; so ist auch diese der Art nach gb. Folglich ist das Vh. der F. ABH zur F. ABE gb. (D. 49.). Daher ist (D. 8) auch das Vh. der F. ABE zur F. CDF gb. Und da diese einander ähnlich sind, so ist AB : CD gb. (D. 54. a. oder D. G.). Mithin ist auch das Vh. zwischen den übrigen Seiten der FF. ABH, CDF gb. (D. 53.).

Anderer Beweis des ersten Falles.

Es sey eine gb. g. L. MN angenommen, welche sich zu einer anderen OP verhalte, wie AB zu CD. Ueber MN, OP seyen, den FF. ABE, CFD ähnliche und ähnlich liegende FF., MNQ, OPR beschrieben. Auch diese sind folglich der Art nach gb., und verhalten sich zu einander, wie die FF. ABE, CFD (VI. 22.); also ist ihr Vh. gb. Aber die F. MNQ ist der Gr. nach gb. (D. 52.); also auch (D. 2.) die F. OPR. Es sey von OP das Q. PS beschrieben. Diese F. ist mithin der Art nach gb. Also hat sie zur F. OPR ein gb. Vh. (D. 49.), und ist folglich (D. 2.) der Gr. nach gb. Daher ist ihre Seite OP gb. Da zugleich MN gb. ist, so ist (D. 1.) das Vh. MN : OP gb., oder AB : CD. Mithin ist auch das Vh. zwischen den übrigen Seiten der FF. ABE, CDF gb. (D. 53.)

Satz 55. (60.)

Wenn eine Figur ABE, der Art und der Größe nach, gegeben ist, so sind ihre Seiten der Größe nach gb. (F. 43.).

Es sey eine, der Lage und der Größe nach, gb. g. L. CD angenommen, und über CD sey eine, der F. ABE ähnliche und ähnlich liegende, F. CDF beschrieben; so ist auch diese der Art nach gb. Daher ist sie zugleich der Größe nach gb. (D. 52.), weil CD der Gr. nach gb. ist. Folglich ist das Vh. der FF. ABE, CDF gb. (D. 1.), also auch (D. 54. oder D. G.) das Vh. der Seiten AB, CD. Daher ist AB der Gr. nach gb. (D. 2.). Da nun AB : BE gb. ist (D. def. 3.), so ist auch BE gb. (D. 2.), und ebenso jede der übrigen Seiten.

And. Beweis. (F. 44.)

Die F. ABCDE sey, der Art und der Gr. nach, gb. Von AB sey das Q. AF beschrieben. Da diese F. der Art nach gb. ist, so ist ihr Vh. zur F. ABCDE gb. (D. 49.); folglich ist das Q. AF der Gr. nach gb. (D. 2.); daher ist auch die Seite AB gb. Eben so ist jede der anderen Seiten der F. ABCDE der Gr. nach gegeb. [Die Composition lehrt VI. 25.].

Satz 57. *) (61.)

Wenn ein gegebener Raum ABCD einer gegebenen geraden Linie AB unter einem gegebenen Winkel BAD angefügt ist (παραβληθῇ), so ist die andere Seite AD

*) S. 56. kommt überein mit dem ersten Falle von S. 74.

der angefügten Figur gb. [Wenn in einem der Größe nach gegebenen Parallogramme ABCD eine Seite AB und ein Winkel BAD, der Größe nach, gegeben ist, so ist auch die andere Seite AD gegeben.] (F. 45.)

Ueber AB sey das Q. AEFB beschrieben. Dieses ist der Gr. nach gb. Die 2 g. LL. EA, FB seyen verlängert, und treffen die DC in G, H. Das Vh. des Q. EB zu dem Pg. CA ist gb. (D. 1.). Aber dem Pg. AC ist das R. AH gleich (I. 35.); also ist das Vh. EB : AH (V. 7), oder (VI. 1.) EA : AG gb.; und da EA=AB, so ist BA : AG gb. (V. 7.). Da sowohl der Winkel BAD, als der r. W. BAG gb. ist, so ist (D. 4.) der W. GAD gb. Auch ist der r. W. AGD, folglich auch der dritte ADG gb. (I. 32.). Daher ist das △ AGD der Art nach gb. (D. 40.), und das Vh. GA : AD gb. (D. def. 3.). Aber BA : AG ist gb.; also auch BA : AD (D. 8.). Mithin ist AD der Gr. nach gb. (D. 2.).

Satz 58. (83.) Satz 59. (84.)

Wenn ein gegebener Raum AC [ein Parallelogramm AC, welches einem gegebenen Raume gleich ist,] einer gegebenen geraden Linie AB angefügt, aber um eine, der Art nach, gegebene Figur BDCL { zu klein (ἔλλειπον) / zu groß (ὑπέρβαλλον) } ist, so sind die Seiten BD, CD { der Ergänzung / des Ueberschusses } gegeben. (F. { 46. / 47. }).

Die g. L. AB sey in dem P. E in zwei gleiche Theile getheilt; so ist auch EB der Gr. nach gb. (I. 10.). Ueber

EB sey ein, dem Pg. BDCL ähnliches und ähnlich liegendes, Pg. BEGF beschrieben. Auch dieses ist folglich der Art nach gb.; daher ist es zugleich der Gr. nach gb. (D. 52.). Nun ist [wenn die verlängerten DC, LC die GF, GE in H, K treffen] das Pg. AK=KB (I. 36.)= BH (I. 43.) [weil (VI. 26.) die Pgg. DL, EF um einerlei Diagonale liegen]; also AK+KD=BH+KD, oder AC= dem Gnomon BFHCKE. Dieser ist folglich der Gr. nach gb.; daher ist (D. $\left\{\begin{matrix}4.\\3.\end{matrix}\right\}$) das Pg. KH der Gr. nach gb. Zugleich ist es aber der Art nach gb., weil es (VI. 24.) dem Pg. DL ähnlich ist; also sind seine Seiten gb. (D. 55.); mithin ist KC, oder (I. 34.) ED der Gr. nach gb. Es ist aber EB gb.; also (D. 4.) auch BD; und, da BD : DC gb. ist (D. def. 3.), so ist DC gb. (D. 2.). [Oder: weil das, der Art und der Gr. nach, gb. Pg. EF um den gb. Gnomon BFHCKE $\left\{\begin{matrix}\text{verkleinert}\\\text{vergrößert}\end{matrix}\right\}$ ist, so sind (D. 60.) die Seiten EK, FH des Gnomon, oder (I. 34.) DC, BD gb.] [Die Composition lehrt VI. $\left\{\begin{matrix}28.\\29.\end{matrix}\right\}$].

[Zusatz.

Wenn ein, der Art nach, gegebenes Parallelogramm BDCL einer gegebenen geraden Linie AB angefügt, aber um ein, einem gegebenen Raume gleiches, Parallelogramm AC zu groß ist, so sind die Seiten BD, DC des ersten gb. (F. 48.).

Es sey die Diagonale BC gezogen, und durch N, wo sie die Seite AM trifft, die g. L. ONP p. mit DB. Das Pg. PC ist= dem Pg. AC (I. 43.), also der Gr. nach gb. Das Pg. OM aber ist dem Pg. DL ähnlich (VI. 24.), folglich der Art nach gb. Da nun die g. L. NP=AB (I. 34.), also gb. ist, so sind (D. 59.) NO, OC gb. Daher ist (D. 3.) OP, oder (I. 34.) BD gb., und DC gb. (D. 2.). (Oder: AB sey in E in zwei gleiche Theile getheilt, und über EB ein dem Pg. DL ähnliches Pg. BEGF beschrieben, dessen Seiten FG, EG die CD, CL in H, K treffen. Dieses ist der Art, und, weil (I. 10.). EB gb. ist, auch der Gr. gb. (D. 52.). Nun ist das Pg. AK=KB (I. 36.)=BH (VI. 26. I. 43.); also KD—AK=KD—BH, oder AC=KH—EF; folglich ist KH der Gr. nach gb. (D. 3.). Da KH∽DL (VI. 24.), mithin auch der Art nach gb. ist, so ist (D. 55.) die Seite KC, oder (I. 34.) ED gb., folglich (D. 3.) auch BD, und (D. 2.) DC.)

Satz 60. (82.)

Wenn ein, der Art und der Größe nach, gegebenes Parallelogramm BEGF um einen, der Größe nach, gegebenen Gnomon BFHCKE {vergrößert / verkleinert} ist, so sind die Seiten EK, FH des Gnomon gb. (F. {47. / 46.})

Da sowohl das Pg. BEGF, als der Gnomon gb. ist, so ist {(D. 3.) das ganze / (D. 4.) das übrige} Pg. CKGH der Gr. nach gb. Es ist aber auch der Art nach gb., weil es (II. def.

2. VI. 24.) dem Pg. BEGF ähnlich ist. Also sind seine Seiten GH, GK gb. (D. 55.). Aber die Seiten GF, GE des Pg. BEGF sind gb. (D. 55.; also auch (D. 4.) die Seiten FH, EK des Gnomon.

Satz 61. (69.)

Wenn einer Seite AB einer, der Art nach, gegebenen Figur ABCD ein Parallelogramm ABEF unter einem gegebenen Winkel BAF angefügt ist, und die Figur zu dem Parallelogramme ein gegebenes Verhältniß hat, so ist das Parallelogramm ABEF der Art nach gegeben (F. 49.).

Durch B sey eine g. L. GB p. mit AD, und durch D die DG p. mit AB gezogen, und die verlängerten DA, GB treffen die FE in H, K. Da der W. BAD und das Vh. BA : AD gb. ist (D. def. 3.), so ist das Pg. DB der Art nach gb. (I. 34.). Daher hat es ein gb. Vh. zur F. AC (D. 49.), folglich auch zum Pg. BF (D. 8.), oder (I. 35. V. 7.) zum Pg. BH. Mithin ist DA : AH gb. (VI. 1.), also (D. 8.) auch BA : AH. Der Nebenwinkel BAH des gb. W. BAD ist gb. Da nun der W. BAF gb. ist, so ist (D. 4.) FAH gb. Auch ist AHF=BAH (I. 29.), also gb., mithin der dritte W. AFH gb. (I. 32.). Folglich ist das △ FAH der Art nach gb. (D. 40.), und FA : AH gb. (D. def. 3.), also (D. 8.) auch FA : AB. Mithin ist (I. 34.) das Pg. BF der Art nach gb.

Satz 62. (70.)

Wenn zwei gerade Linien AB, LM ein gegebenes Verhältniß zu einander haben, und über der einen AB eine, der Art nach, gegebene Figur ABCD, über der anderen LM ein Parallelogramm MN, unter einem gegebenen Winkel MLN, beschrieben ist, welches zu der Figur ABCD ein gegebenes Verhältniß hat, so ist das Parallelogramm MN der Art nach gegeben. (F. 49.)

Ueber AB sey ein, dem Pg. MN ähnliches und ähnlich liegendes, Pg. BF beschrieben; so hat dieses zu jenem ein gb. Vh. (D. 50.). Folglich ist auch das Vh. der F. AC zum Pg. MN gb. (D. 8.). Nun ist der W. BAF gb., weil er dem gb. MLN gleich ist (VI. def. 1.). Also ist das Pg. BF der Art nach gb. (D. 61.), mithin auch das Pg. MN, weil es jenem ähnlich ist.

Satz 78.

Wenn eine, der Art nach, gegebene Figur ABCDE zu einem Rechtecke GHKL ein gegebenes Verhältniß hat, und auch eine Seite AB der Figur zu einer Seite LK des Rechteckes in gegebenem Verhältniße steht, so ist das Rechteck GHKL der Art nach gegeben. (F. 44.)

Ueber AB sey das Q. AF beschrieben, und der LK ein, dem Q. AF gleiches, R. KLMN angefügt. Da die FF. AD, AF der Art nach gb. sind, so ist (D. 49.) ihr Vh. gb., also auch das Vh. des R. GK zum Q. AF (D. 8.), oder zum R. KM (V. 7.). Folglich ist das Vh. GL : LM gb. (VI. 1.). Weil AB : KL = LM : BF (VI. 14.), so ist LM : BF gb., mithin (D. 8.) GL : BF, oder (V. 7.) GL : AB, folglich (D. 8.) GL : LK gb. Also ist das R. GK der Art nach gb.

Satz 63.

Wenn ein Dreieck der Art nach gegeben ist, so hat

das Quadrat von jeder seiner Seiten zu dem Dreiecke ein gegebenes Verhältniß. (Dieß folgt unmittelbar aus S. 49.)

Satz 64. (74.) Satz 65. (75.)

Wenn ein Dreieck ABC einen gegebenen {stumpfen / spitzigen} Winkel BAC hat, so hat der Raum, um welchen das Quadrat der, diesem Winkel gegenüberliegenden, Seite BC {größer / kleiner} ist, als die Quadrate der, denselben einschließenden, Seiten BA, AC zu dem Dreiecke ABC ein gegebenes Verhältniß. (F. {36. / 35.})

(Von B sey das Loth BD auf AC gefällt.) Da der W. BAD gb. ist, und auch der r. W. BDA, so ist (I. 32. {D. 4. / D. 3. 4.}) der W. ABD gb., also ist das △ BAD der Art nach gb. (D. 40.). Daher ist das Vh. BD : DA gb. (D. def. 3.), also auch das Vh. BD×AC : DA×AC (VI. 1.). Aber das R. BD×AC hat zu dem △ ABC ein gb. Vh. (I. 41.). Daher ist das Vh. DA×AC : △ ABC gb. (D. 8.), folglich hat (D. 8.) auch das doppelte R. aus DA, AC, oder (II. {12. / 13.}) der Unterschied zwischen dem Q. von BC, und den QQ. von BA, AC, ein gb. Vh. zu dem △ ABC.

Satz 66. (62. Zusatz.) Satz H. (62.)

Wenn ein {Dreieck ABC / Parallelogramm ABEC} einen gegebenen Winkel ABC hat, so hat das Rechteck aus den Seiten BA, AC, welche den gegebenen Winkel einschließen, zu dem {Dreiecke ABC / Parallelogramm ABEC} ein gegebenes Verhältniß. (F. 50.)

Von B sey auf AC das Loth BD gefällt. Da der W. BAD und der r. W. BDA gb. sind, so ist der dritte ABD gb. (I. 32.), also ist das $\triangle$ ABD der Art nach gb. (D. 40.), und AB : BD gb. (D. def. 3.), oder (VI. 1.) BA$\times$AC : BD$\times$AC. Folglich hat das R. aus BA, AC ein gb. Vh. zu dem {Dreieck ABC (I. 41. D. 8.) / Pg. ABEC (I. 35. V. 7.)}.

Lehnsatz.

Wenn von der Spitze A eines gleichschenklichten Dreieckes ABC an die {Grundlinie / verlängerte Grundlinie} BC eine gerade Linie {AD / Ad} gezogen ist, so ist das Quadrat der letzteren um das Rechteck aus den, zwischen dem Durchschnittspuncte und den Endpuncten der Grundlinie enthaltenen, Segmenten {BD, DC kleiner / Bd, dC größer}, als das Quadrat von einer der gleichen Seiten AB, AC. (F. 51.)

Die Grundlinie BC sey in E in zwei gleiche Theile getheilt, und die g. L. AE gezogen. Diese ist auf BC lothrecht (I. 8.), also ist $AB^2 = AE^2 + EB^2$ (I. 47.). Es ist aber $EB^2 =$ {$ED^2 + BD \times DC$ (II. 5.) / $Ed^2 - Bd \times dC$ (II. 6.)}. Da nun $AE^2 +$

$\left\{\begin{matrix}ED^2\\Ed^2\end{matrix}\right\} = \left\{\begin{matrix}AD^2\\Ad^2\end{matrix}\right\}$ (I. 47.), so ist $\left\{\begin{matrix}AD^2\\Ad^2\end{matrix}\right\} = AB^2 \left\{\begin{matrix}- BD \times DC\\+ Bd \times dC\end{matrix}\right\}$.]

Satz 67. (76.)

Wenn ein Dreieck ABC einen gegebenen Winkel BAC hat, so hat der Raum, um welchen das Quadrat der Summe der, den gegebenen Winkel einschließenden, Seiten BA, AC größer ist, als das Quadrat der dritten Seite BC, zu dem Dreiecke ABC ein gegebenes Verhältniß. (F. 52.)

Die Seite BA sey verlängert, und AD = AC gemacht, ferner die DC gezogen, welche verlängert eine, durch B p. mit AC gezogene, g. L. BE in E treffe. Da AD = AC, so ist auch BD = BE (I. 29. VI. 4.); folglich ist (nach dem vorherg. Lehnsatze) $DC \times CE + BC^2 = BD^2$. Weil nun BD = BA + AC, so ist das Q. von BA + AC größer, als das Q. von BC, um das R. aus DC, CE. Der Nebenwinkel CAD des gb. BAC ist gb.; auch jeder der beiden WW. ACD, ADC (I. 9.), weil jeder die Hälfte des gb. W. BAC ist (I. 5. 32.). Also ist das △ ACD der Art nach gb. (D. 40.), und DA : DC gb. (D. def. 3.), daher ist auch $AD^2 : DC^2$ gb. (D. 50.). Nun ist BA : AD = EC : CD (VI. 2.), oder (VI. 1.) $BA \times AD : AD^2 = EC \times CD : CD^2$, folglich (V. 16.) $BA \times AD : EC \times CD = AD^2 : CD^2$. Also hat $BA \times AD$, oder (I. 35. V. 7.) $BA \times AC$, ABC ist gb. zu $EC \times CD$ ein gb. Vh. Aber das Vh. $BA \times AC$: △ (D. 66.). Also hat (D. 8.) auch $EC \times CD$, oder der Ueberschuß des Q. von BA + AC über das Q. von BC, ein gb. Vh. zum △ ABC.

Zweiter Beweis.

Die Construction sey dieselbe, wie zuvor; auch sey von A auf CD das Loth AF gefällt, und die AE gezogen. Der W. ACF ist gb. (I. 5. 32.), auch ist der r. W. AFC gb., folglich das △ ACF der Art nach gb. (D. 40.), und AF : FC gb. (D. def. 3.). Aber CF ist die Hälfte von CD (I. 5. 26.), also ist CD : AF gb. (D. 8.), oder (VI. 1.) EC×CD : EC×AF gb. Aber das R. aus EC, AF ist das Doppelte des △ ACE (I. 41.), also hat EC×CD ein gb. Vh. zum △ ACE (D. 8.), oder zum △ ABC (I. 37. V. 7.). [Oder: weil das △ ACD der Art nach gb. (I. 5. 32. D. 40.), und AF unter einem gb. W. an CD gezogen ist, so ist CD : AF gb. (D. 76.) u. s. w.]

Dritter Beweis.

Ist der gb. W. BAC ein r. W. (F. 34.), so ist das Q. von BA+AC größer, als das Q. von BC, um das doppelte R. aus BA, AC (II. 4. I. 47.). Aber BA×AC : △ BAC ist gb. (D. 66.), also auch das Vh. des doppelten R. aus BA, AC zum △ BAC (D. 8.). Ist aber der gb. W. BAC {spitzig (F. 35.) / stumpf (F. 36.)}, so sey auf die {Seite AC / verlängerte AC} das Loth BD gefällt. Nun ist (II. {13. / 12.}) $BA^2+AC^2=BC^2\pm 2CA\times AD$, also (II. 1.), wenn man das doppelte R. aus BA, AC hinzusetzt, $(BA+AC)^2 = BC^2+2CA\times(BA\pm AD)$. Da der W. BAC, {oder / also} {BAD gb., und BDA ein r. W., folglich (I. 32.) / auch der dritte W. ABD gb. ist, so ist das $\triangle$ABD der Art nach gb. (D. 40.), und BA : AD gb. (D. def. 3.). Daher hat BA auch zu { der Summe / dem Unterschiede } von BA, AD ein gb. Vh. (D. { 6. / 5. }), mithin ist das Vh. $CA \times BA : CA \times (BA \pm AD)$ gb. (VI. 1.). Aber $CA \times BA : \triangle ABC$ ist gb. (D. 66.). Also hat (D. 8.) $CA \times (BA \pm AD)$, und folglich (D. 8.) auch das Doppelte dieses R., oder der Ueberschuß des Q. von BA+AC über das Q. von BC, ein gb. Vh. zum $\triangle$ ABC.

Vierter Beweis. (F. 53.)

Die Seite BA sey verlängert, AD=AC gemacht, und CD gezogen. Ferner sey auf BC das Loth AG gefällt, und von A an die BC eine g. L. AH, von D aber an die verlängerte BC eine g. L. DK so gezogen, daß jeder der beiden WW. AHC, DKC dem W. ADC gleich sey. Da in den $\triangle\triangle$ BCD, BDK die WW. BDC, BKD gleich sind, und der W. bei B gemeinschaftlich ist, so sind auch die dritten WW. BCD, BDK einander gleich (I. 32.). Also ist (VI. 4.) KB : BD=DB : BC, folglich (VI. 17.) $KB \times BC = BD^2$, oder (II. 3.) $KC \times CB + BC^2 = (BA + AC)^2$. Nimmt man nun von den gleichen WW. BDK, BCD die gleichen (I. 5.) WW. ADC, ACD weg, so ist der W. CDK=ACH. Weil zugleich der W. CKD=AHC, so ist (I. 32.) der dritte DCK=CAH, also CA : AH=DC : CK (VI. 4.), oder (V. 16.) AC : CD=AH : CK. Aber AC : CD ist gb. (ebenso, wie, nach dem ersten Beweise, AD : DC gb. ist), also auch AH : CK. Weil der W. AHG=ADC, also

(I. 5. 32.) gb., und AGH ein r. W. ist, so ist der dritte GAH gb. (I. 32.), folglich das △ AGH der Art nach gb. (D. 40.), und HA : AG (D. def. 3.). Daher ist gb. (D. 8.) AG : CK, oder (VI. 1.) AG×BC : KC×CB. gb. Nun ist AG×BC : △ABC gb. (I. 41.), also hat (D. 8.) auch KC×CB, oder der Ueberschuß des Q. von BA+AC über das Q. von BC, ein gb. Vh. zum △ABC.

[Zusatz.

Wenn ein Dreieck einen gegebenen Winkel hat (und die Seiten um diesen Winkel ungleich sind), so hat der Raum, um welchen das Quadrat von dem Unterschiede der, den gegebenen Winkel einschließenden, Seiten kleiner ist, als das Quadrat der dritten Seite, zu dem Dreiecke ein gegebenes Verhältniß. Dieß läßt sich auf dieselbe Art, wie S. 67., erweisen, vermittelst des zweiten Theiles von dem vorherg. Lehnsatz.]

Satz 68. (65.)

Wenn zwei gleichwinklichte Parallelogramme AB, CD zu einander ein gegebenes Verhältniß haben, und zugleich das Verhältniß von einer Seite EB des einen zu einer Seite FD des anderen gegeben ist, so hat auch die andere Seite AE des ersten zu der anderen Seite CF des zweiten ein gegebenes Verhältniß. (F. 54.)

Der g. L. EB sey ein, dem Pg. CD gleiches, Pg. EG angefügt, so daß die Seite EH mit AE, also (I. 29. 14.) auch BG mit der Seite KB des Pg. AB in g. L. sey. Das Vh. des Pg. AB zum Pg. EG ist gb. (V. 7.), also (VI. 1.) auch das Vh. AE : EH. Da die Pgg. EG, CD gleich sind, so ist (VI. 14.) CF : EH = HG : FD = EB : FD (I. 34. V. 7.), also CF : EH gb., mithin AE : CF gb. (D. 8.)

And. Beweis.

Gesetzt, es seyen 3 gg. LL. L, M, N, und es verhalte sich L : M = EB : FD, und M : N = AE : CF, so verhält sich das Pg. AB zum Pg. CD, wie L : N (VI. 23.). Folglich ist das Vh. L : N gb. Ebenso ist L : M gb.; daher ist (D. 8.) auch M : N, oder AE : CF. gb.

[Da die Pgg. AB, CD gleichwinklicht sind, so verhält sich EB : FD, wie CF zu einer g. L., zu welcher AE ein gb. Vh. hat (D. 74.). Diese g. L. sey EH. Weil EB : FD gb. ist, so ist CF : EH gb., folglich (D. 8.) AE : CF gb.]

Satz 69. (66.)

Wenn zwei Parallelogramme AB, CD ungleiche, aber gegebene, Winkel AEB, CFD, und ein gegebenes Verhältniß zu einander haben, und das Verhältniß von einer Seite EB des einen zu einer Seite FD des anderen gegeben ist, so hat auch die andere Seite AE des ersten zur anderen Seite CF des zweiten ein gegebenes Verhältniß. (F. 55.)

An die EB sey in dem P. E ein W. BEL = DFC gesetzt, und das Pg. BELM vollendet. Da die beiden WW. EAL, ELA gb. sind (I. 29.), so ist der dritte AEL gb. (I. 32.), also das △ ALE der Art nach gb. (D. 40.), und AE : EL gb. (D. def. 3.). Weil das Pg. EM = EK (I. 35.), so ist das Vh. der Pgg. EM, CD gb. (V. 7.), folglich (D. 68.) auch das Vh. LE : CF. Daher ist AE : CF gb. (D. 8.)

Satz 70. (67. 68.)

Wenn in zwei Parallelogrammen AB, CD die Winkel AEB, CFD entweder gleich, oder zwar ungleich, aber gegeben sind, und die Seiten AE, EB des einen zu den Seiten CF, FD des anderen gegebene Verhältniße haben, so haben auch die Parallelogramme zu einander ein gegebenes Verhältniß.

a. Sind die WW. AEB, CFD einander gleich (F. 54.), so sey der Seite EB ein, dem Pg. CD gleiches, Pg. EG angefügt, so daß EH mit AE, also (I. 29. 14.) auch BG mit KB in g. L. sey. Es ist CF : EH = HG : FD (VI. 14.) = EB : FD (I. 34. V. 7.), also CF : EH gb. Da auch AE : CF gb. ist, so ist AE : EH gb. (D. 8.), folglich (VI. 1.) das Vh. des Pg. AB zum Pg. EG, oder (V. 7.) zum Pg. CD gb. [Oder: es seyen 3 gg. LL. L, M, N, und L : M = EB : FD, M : N = AE : CF, so ist L : N gb. (D. 8.), oder (VI. 23.) das Vh. des Pg. AB zum Pg. CD gb.]

b. Sind die WW. AEB, CFD ungleich, aber gegeben (F. 55.), so sey an die EB in dem P. E ein W. BEL = DFC gesetzt, und das Pg. BELM vollendet. Das △ AEL, dessen WW. gb. sind (I. 29. 32.), ist der Art nach gb. (D. 40.), und AE : EL gb., folglich ist LE : CF gb. (D. 8.). Also hat (D. 70. a.) das Pg. LB, oder (I. 35. V. 7.) das Pg. AB ein gb. Vh. zum Pg. CD.

Satz 71. (68. Zus. 1.)

Wenn in zwei Dreiecken ABG, DEH zwei Winkel

AGB, DHE entweder gleich, oder zwar ungleich, aber gegeben sind, und die, den ersten Winkel einschließenden, Seiten AG, GB zu den, den anderen einschließenden, Seiten DH, HE gegebene Verhältniße haben, so haben auch die Dreiecke zu einander ein gegebenes Verhältniß. (F. 56.)

Es seyen die Pgg. AGBK, DHEL vollendet, so haben sie zu einander ein gb. Vh. (D. 70.), folglich ist auch das Vh. ihrer Hälften gb. (V. 15.), nämlich (I. 34.) der △△ AGB, DHE.

Satz 72. (68. Zus. 2.)

Wenn die Grundlinien BC, EF zweier Dreiecke ABC, DEF in gegebenem Verhältniße stehen, und zwei, von den gegenüberliegenden Winkeln an die Grundlinien gezogene, gerade Linien AG, DH mit diesen entweder gleiche, oder zwar ungleiche, aber gegebene Winkel AGC, DHF machen, und ein gegebenes Verhältniß zu einander haben, so haben die Dreiecke zu einander ein gegebenes Verhältniß. (F. 56.)

Es seyen die gg. LL. BK, EL p. mit GA, HD, und AK, DL p. mit CB, FE gezogen, und die Pgg. CK, FL vollendet. Da der W. KBC = AGC, und LEF = DHF (I. 29.), so sind die WW. KBC, LEF entweder einander gleich, oder gb., und, da KB = AG, LE = DH (I. 34.), so ist KB : LE gb. (V. 7.). Da nun BC : EF gb. ist, so haben die Pgg. CK, FL zu einander ein gb. Vh. (D. 70.), also auch ihre Hälften (V. 15.), nämlich (I. 41.) die △△ ABC, DEF.

Satz 73. Satz 74. (63. 64.)

Wenn zwei Parallelogramme AB, CD entweder glei-

che, oder zwar ungleiche, aber gegebene Winkel AEB,
CFD haben, und { eine Seite EB des ersten zu einer
{ in gegebenem Verhältniße zu einander
Seite FD des zweiten, sich verhält, wie die andere Seite
stehen, so verhält sich eine Seite EB des ersten, zu einer
CF des zweiten zu einer geraden Linie, zu welcher die
Seite FD des zweiten, wie die andere Seite CF des
andere Seite AE des ersten ein gegebenes Verhältniß hat,
zweiten zu einer geraden Linie, zu welcher die andere
so stehen die Pgg. zu einander in gegebenem Verhältniße }.
Seite AE des ersten ein gegebenes Verhältniß hat }

a. Die WW. AEB, CFD seyen gleich (F. 54.). Die AE sey verlängert, EH sey die 4te Prop.L. zu EB, FD, CF, und das Pg. EHGB sey vollendet. Da es dem Pg. CD gleich ist (VI. 14), und sich zum Pg. AB verhält, wie HE : EA (VI. 1.), so ist (V. 7.) AE : EH = Pg. AB : Pg. CD. Weil nun { jenes / dieses } Vh. gb. ist, so ist auch { dieses / jenes } gb.

b. Die WW. AEB, CFD seyen ungleich, aber gegeben (F. 55.). An die EB sey der W. BEL=DFC gesetzt, und das Pg. BELM vollendet. Die WW. des △ AEL sind gb. (I. 29. 32.), daher ist es der Art nach gb. (D. 40.), und LE : EA gb. (D. def. 3.). Nun hat { EA, folglich
{ das erste Pa-
(D. 8.) auch LE, zu der g. L., welche zu EB, FD, CF die
rallelogramm AB zu dem zweiten Parallelogramme
4te Prop.L. ist, { ein gb. Vh., folglich ist das Vh.
CD {

des Pg. LB zum Pg. CD gb. }(D. 73. a.), also
(I. 35. V. 7.), da-
hat auch das Pg. AB, welches dem Pg. LB gleich ist
her hat (D. 74. a.) LE, mithin (D. 8.) auch AE ein gb. Vh.
(I. 35.), ein gb. Vh. zum Pg. CD (V. 7.) }.
zu der g. L., welche zu EB, FD, CF die 4te Prop.L. ist

Satz 75. (64. Zus.)

Wenn in zwei Dreiecken ABG, DEH, welche ein gegebenes Verhältniß zu einander haben, zwei Winkel AGB, DHE entweder gleich, oder zwar ungleich, aber gegeben sind, so verhält sich eine Seite BG an dem ersten Winkel zu einer Seite EH an dem zweiten, wie die andere Seite HD an dem zweiten zu einer geraden Linie, zu welcher die andere Seite GA an dem ersten ein gegebenes Verhältniß hat. (F. 56.)

Es seyen die Pgg. AGBK, DHEL vollendet. Da ihr Vh. zu einander gb. ist (I. 34. V. 15.), so hat GA ein gb. Vh. zu der g. L., welche zu BG, EH, HD die 4te Prop.L. ist. (D. 74.)

Satz 76. (50.)

Wenn von der Spitze B eines, der Art nach, gegebenen Dreieckes ABC eine gerade Linie BD lothrecht [oder unter einem gegebenen Winkel] an die Grundlinie AC gezogen ist, so hat sie zur Grundlinie ein gegebenes Verhältniß. (F. 35.)

Da der W. BAD gb. ist (D. def. 3.), und zugleich der W. BDA, so ist der dritte W. ABD gb. (I. 32.), folglich ist das △ BAD der Art nach gb. (D. 40.), und

AB : BD gb. (D. def. 3.). Weil nun BA : AC gb. ist (D. def. 3.), so ist auch BD : AC gb. (D. 8.)

Satz 79. *) (77. Zus. 1.)

Wenn in zwei Dreiecken ABC, EFG zwei Winkel bei B, F gleich, und von diesen Winkeln auf die Grundlinien AC, EG lothrechte gerade Linien BD, FH gezogen sind, auch in dem einen Dreiecke die Grundlinie AC zu dem Lothe BD sich verhält, wie in dem anderen die Grundlinie EG zu dem Lothe FH, so sind die Dreiecke gleichwinklicht. (F. 57.)

Um das △ EFG sey ein K. beschrieben, und an die EG in dem P. G ein W. EGK=CAB gesetzt; auch seyen die FK, KE gezogen, und sey auf EG das Loth KL gefällt. Da die WW. GKE, EFG in demselben Kreisabschnitte sind, so sind sie einander gleich (III. 21.); also ist auch der W. GKE=ABC. Weil nun der W. EGK=CAB, so ist der dritte KEG=BCA (I. 32.); folglich △ GKE ∽ △ ABC (VI. 4.). Daher ist GE : KL=AC : BD (V. 22.) (weil nämlich EG : GK= CA : AB, und (VI. 4.) GK : KL=AB : BD). Folglich ist (V. 11.) GE : KL=GE : FH, also KL=FH (V. 9.). Da zugleich KL mit FH p. ist (I. 28.), so ist (I. 33.) auch KF mit EG p., mithin der W. FKG=KGE (I. 29.), oder (III. 21.) FEG= KGE=BAC. Aber der

---

*) S. 77. ist einerlei mit S. 54., ob er gleich aus diesem bewiesen wird. S. 78 s. nach S. 62. — Die von Simson gegebene Ableitung des S. 79. aus dem Satze I. ist nicht befriedigend.

W. EFG=ABC, also ist auch der W. FGE=BCA; mithin sind die △△ ABC, EFG gleichwinklicht.

Satz I. (77.)

Wenn das, von einem gegebenen Winkel ABC eines Dreieckes BAC, auf die gegenüberliegende Seite AC gefällte Loth BD ein gegebenes Verhältniß zu dieser Seite AC hat, so ist das Dreieck der Art nach gegeben. (F. 57.)

Ist das △ BAC gleichschenklicht, so sind, weil ein W. gb. ist, auch die übrigen WW. gb. (I. 32.), also ist das △ der Art nach gb. (D. 40.). Ist es aber nicht gleichschenklicht, so sey eine, der Lage und der Gr. nach, gb. g. L. EG angenommen, über derselben sey ein Kreisabschnitt EFG beschrieben, welcher einen, dem gb. W. ABC gleichen, W. fasse; die g. L. EF mache den W. GEF=CAB; von F., wo die EF den K. trifft, sey die FG gezogen, unt das Loth FH auf GE gefällt. Da die △△ BAC, FEG, und auch die △△ DAB, HEF gleichwinklicht sind, so ist (VI. 4.) DB : BA=HF : FE, und BA : AC=FE : EG, also (V. 22.) DB : AC=HF : EG, folglich ist HF : EG gb., mithin HF der Gr. nach gb. (D. 2.). Es sey das Pg. GHFM vollendet; so ist GM=HF (I. 34.), also der Gr. nach gb. Aber GM ist auch der Lage nach gb. (I. 29. D. 29.); folglich ist der P. M gb. (D. 27.), und (D. 28.) MF der Lage nach gb. Aber auch der Kr. EFG ist der Lage nach gb. (D. def. 8.); also der P. F gb. (D. 25.). Daher sind die 3 gg. LL. EF, FG, GE der Gr. nach gb. (D. 26.), und das △ EFG der Art nach gb. (D. 39.). Da es dem △ ABC ähnlich ist, so ist auch dieses der Art nach gb.

[Bestimmung.

Das gb. Vh. des Lothes zur Grundlinie des △ darf

nicht größer seyn, als das Vh., welches ein, auf der Mitte der Grundlinie eines den gb. W. fassenden Kreisabschnittes errichtetes, Loth zur Grundlinie des Abschnittes hat.] *)

Satz 80. (78.)

Wenn ein Dreieck BAC einen gegebenen Winkel ABC hat, und das Verhältniß des Rechteckes aus den, diesen Winkel einschließenden, Seiten AB, BC zu dem Quadrate der dritten Seite AC gegeben ist, so ist das Dreieck der Art nach gegeben. (F. 57.)

Von B, A seyen auf AC, CB die Lothe BD, AN gefällt. Da die WW. ABN, BNA gb. sind, so ist das △ ABN der Art nach gb. (D. 40.), und BA : AN gb. (D. def. 3.); folglich ist das Vh. AB×BC : AN×BC gb. (VI. 1.). Aber AN×BC=BD×AC, weil jedes dieser beiden RR. das Doppelte des △ ABC ist (I. 41.). Also ist das Vh. AB×BC : BD×AC geb. (V. 7.); folglich (D. 8.) auch BD×AC : AC², oder (V. 1.) BD : AC gb. Nun sey eine, der Lage und der Gr. nach, gb. g. L. EG angenommen, und über EG ein Kreisabschnitt EFG beschrieben, welcher einen, dem gb. W. ABC gleichen, W. fasse; auf EG sey in G das Loth GM errichtet, und es verhalte sich AC : BD=EG : GM. Das Vh. EG

*) Durch Simson's Zusatz { 2. / 3. } wird S. { 1. / 79. } so abgeändert, daß statt der Lothe gg. LL., welche unter irgend welchen { gegebenen / gleichen } WW. an die Grundlinie gezogen sind, gesetzt werden.

: GM ist folglich gb., also GM der Größe nach gb. (D. 2.). Zugleich ist GM der Lage nach gb. (D. 29.), also M gb. (D. 27.D). Durch M sey MF mit GE p. gezogen, und von F, wo sie den K. EFG trifft, das Loth FH auf G gefällt, und FE, FG gezogen. Da der Kreisabschnitt EFG der Lage nach gb. ist (D. def. 8.), und auch die g. L. MF (D. 28.), so ist F gb. (D. 25.); folglich sind EF, FG, GE, der Lage und der Gr. nach, gb. (D. 26.); mithin ist das △ EFG der Art nach gb. (D. 39.) Da FH = MG (I. 34.), so ist AC : BD = EG : FH (V. 7. 11.). Weil zugleich der W. ABC = EFG, so sind die △△ ABC, EFG gleichwinklicht (D. 79.), also einander ähnlich (VI. 4.). Nun ist das △ EFG der Art nach gb.; mithin auch das △ ABC.

[Es sey von B auf AC das Loth BD gefällt. Das R. aus BD, AC hat ein gb. Vh. zum △ ABC (I. 41.). Da der W. ABC gb. ist, so ist das Vh. AB×BC : △ ABC gb. (D. 66.). Aber auch AB×AC : AC² ist gb.; also ist (D. 8.) BD×AC : AC², oder (VI. 1. B) D : AC gb., Folglich ist das △ ABC der Art nach gb. (D. I.).] (Auch die Bestimmung von S. 80. ist aus der des S. I. abzuleiten.)

Anderer Beweis.

Da der W. ABC gb. ist, so hat der Ueberschuß des Q. von AB+BC über das Q. von AC ein gb. Vh. zum △ ABC (D. 67.). Diesem Ueberschuße sey die F. O gleich Aber AB×BC : △ ABC ist gb. (D. 66.), und AB×BC : AC². Also ist das Vh. O : AC² gb. (D. 8.); folglich hat auch (D. 6.) die Summe des Raumes O und des Q. von AC, oder das Q. von AB+BC, ein gb. Vh. zum

Q. von AC. Daher ist das Vh. AB+BC : AC gb. (D. 54.); folglich das △ ABC der Art nach gb. (D. 45.)

Satz K. (79.)

Wenn ein Dreieck ABC einen gegebenen Winkel BAC hat, und eine, von diesem Winkel an die gegenüberliegende Seite BC unter einem gegebenen Winkel ADB gezogene, gerade Linie AD diese Seite in Segmente theilt, welche zu einander ein gb. Vh. haben, so ist das Dreieck der Art nach gb. (F. 58.)

Um das △ ABC sey ein Kr. beschrieben, und von dem MP. E des Kr. seyen die gg. LL. EA, EB, EC, ED gezogen. Der W. BEC ist gb., weil er das Doppelte des gb. W. BAC ist (III. 20.); auch ist das Vh. der gleichen gg. LL. EB, EC gb.; also das △ EBC der Art nach gb. (D. 41.), und EB : BC gb. (D. def. 3.). Aber CB : BD ist gb. (D. 6.); also EB : BD gb. (D. 8.). Da zugleich der W. EBC gb. ist (D. def. 3.), so ist das △ EBD der Art nach gb. (D. 41.), und BE : ED gb. (D. def. 3.), oder (V. 7.) AE : ED. Nun ist der W. EDA gb. (D. 4.), weil die WW. ADB, BDE gb. sind; also ist das △ AED der Art nach gb. (D. 44.), und der W. AED gb. (D. def. 3.). Zugleich ist der W. DEC gb. (D. 4.), weil die beiden BEC, BED gb. sind; also (D. 4.) ist auch der W. AEB gb.; folglich ist das △ ACE der Art nach gb. (D. 41.), und der W. ECA gb. (D. def. 3.). Aber der W. ECB ist gb.; also (D. 3.) auch der W. ACB. Folglich ist das △ ABC der Art nach gb. (D. 40.)

[Der Satz K kann auch auf dieselbe Weise, wie der Satz I, und dieser, wie jener, bewiesen werden.]

Satz L. (80.)

Wenn in einem Dreiecke ABC zwei Seiten BA, AC zu einander in gegebenem Verhältniße stehen, und das, von dem eingeschlossenen Winkel auf die dritte Seite BC gefällte, Loth AD zu dieser Seite BC ein gegebenes Verhältniß hat, so ist das Dreieck der Art nach gegeben. (F. 59.)

Sind die Seiten BA, AC einander gleich, so theilt das Loth die Seite BC in zwei Hälften (I. 5.26.), und, weil es zu der Hälfte von BC ein gb. Vh. hat (D. 8.), das △ ABC in zwei der Art nach ggb. Dreiecke (D. 41.); folglich sind die WW. ABC, ACB gb. (D. def. 3.), und das △ ABC ist der Art nach gb. (D. 40.). Ist aber BA>AC, so sey an CA der W. CAE=ABC gesetzt. Die △△ ABE, CAE sind, weil der W. bei E gemeinschaftlich ist, einander ähnlich (VI. 4.), und es ist AB : BE=CA : AE, also (V. 16.) BA : AC=BE : EA. Aber auch (VI. 4.) BE : EA=AE : EC. Daher ist BE : EC gb. (V. 11. D. 8.), folglich EB : BC gb. (D. 5.). Da nun AD : BC gb. ist, so ist AD : BE gb. (D. 8.); und weil BE : EA gb. ist, so ist AD : AE gb. (D. 8.), mithin das △ ADE der Art nach gb. (D. 43.), und der W. AED gegeben (D. def. 3.), also auch AEB. Daher ist das △ ABE der Art nach gb. (D. 41.), und die WW. ABE, EAB sind gb. (D. def. 3.), mithin ist, weil der W. CAE=ABE, auch der W. CAB gb. (D. 4.), folglich ist das △ ABC der Art nach gb. (D. 40.).].

Bestimmung.

Es darf nicht AD>AE seyn, also (V. 8.) nicht BC : AD<BC : AE. Nun ist BE : EC=BA^2 : AC^2 (VI. 1.

22.), mithin BC : BE = $BA^2 - AC^2$: BA^2 (V. 19. cor.). Aber BE : AE = BA^2 : BA × AC (VI. 1.); folglich (V. 22.) BC : AE = $BA^2 - AC^2$: BA × AC. Also darf das gb. Vh. BC : AD nicht kleiner seyn, als das, aus dem gb. Vh. BA : AC zu findende, Vh. $BA^2 - AC^2$: BA × AC.)

Satz M. (81.)

Wenn in einem Dreiecke ABC zwei ungleiche Seiten BA, AC ein gegebenes Verhältniß zu einander haben, und das, von dem eingeschlossenen Winkel auf die dritte Seite BC gefällte Loth AD diese Seite BC in Segmente theilt, deren Verhältniß zu einander gegeben ist, so ist das Dreieck der Art nach gb. (F. 59.)

Wenn BA > AC ist, so sey der W. CAE = ABC gemacht. Es ist (wie im vorherg. Satze) BA : AC = AE : EC, und BE : EC gb. Daher ist EC : CB gb. (D. 5. cor.). Auch ist BC : CD gb. (D. 6.), weil BD : DC gb. ist; also ist EC : CD gb. (D 8.), folglich (D. 6.) auch DE : EC. Aber CE : EA ist gb., also auch DE : EA (D. 8.); mithin ist das △ ADE der Art nach gb. (D. 43.), und der W. AED gb. (D. def. 3.). Daher sind die △△ CEA, AEB der Art nach gb. (D. 41.), und die WW. ACB, BAC gb. (D. def. 3.); folglich ist das △ ABC der Art nach gb. (D. 40.)

Bestimmung.

Das gb. Vh. der größeren Seite BA zu der kleineren AC muß kleiner seyn, als das gb. Vh. des größeren Segmentes BD zu dem kleineren DC (denn es muß EA > ED seyn, also, wenn EF = EA angenommen wird, BF

$< BD$, und $BF : FC < BD : FC < BD : DC$. Aber $BF : FC = BE : EF$ (V. 19.) $= BA : AC$.)

Satz 81. (71.)

Wenn von drei geraden Proportionallinien A, B, C die äusseren A, C zu den äusseren D, F von drei anderen geraden Proportionallinien D, E, F ein gegebenes Verhältniß haben, so ist auch das Verhältniß der mittleren B zu der mittleren E gegeben. Und wenn eine äussere A zu einer äusseren D, und die mittlere B zu der mittleren E ein gegebenes Verhältniß hat, so ist auch das Verhältniß der anderen äusseren C zu der anderen F gegeben. (F. 60.)

Sind die Vhh. $A : D$ und $\left\{\begin{matrix} C : F \\ B : E \end{matrix}\right\}$ gegeben, so ist

$\left\{\begin{matrix} \text{(D. 70.)}\ A \times C : D \times F \\ \text{(D. 50.)}\ B^2 : E^2 \end{matrix}\right\}$ gb. Aber (VI. 17.) $A \times C = B^2$, $D \times F = E^2$. Also ist (V. 7.) auch $\left\{\begin{matrix} B^2 : E^2 \\ A \times C : D \times F \end{matrix}\right\}$ geget.,

folglich $\left\{\begin{matrix} \text{(D. 54.)}\ B : E \\ \text{(D. 68.)}\ C : F \end{matrix}\right\}$ gb.

Satz 82. (72.) Satz 83. (73.)

Wenn vier gerade Linien A, B, C, D proportional sind, so verhält sich die erste A zu einer geraden Linie, zu welcher die zweite B ein gegebenes Verhältniß hat, wie $\left\{\begin{matrix} \text{die dritte C zu einer geraden Linie, zu welcher die vierte D ein gegebenes Verhältniß hat} \\ \text{eine gerade Linie, zu welcher die dritte C ein gegebenes Verhältniß hat, zu der vierten D} \end{matrix}\right\}$. (F. 61.)

Es sey E eine g. L., zu welcher B ein gb. Vh. hat, und eine andere $\left\{\begin{matrix}F\\G\end{matrix}\right\}$ sey so genommen, daß sich verhalte $B : E = \left\{\begin{matrix}D : F\\G : C\end{matrix}\right\}$. Da nun $A : B = C : D$, so ist $A : E = \left\{\begin{matrix}C : F\ (V.\ 22.)\\G : D\ (V.\ 23.)\end{matrix}\right\}$. Auch ist $\left\{\begin{matrix}D : F\\G : C\end{matrix}\right\}$ gegeben, wie $B : E$.

Satz 83. *)

Wenn vier gerade Linien C, D, A, E sich so zu einander verhalten, daß, wenn man drei derselben C, D, A mit einer anderen B, zu welcher die vierte E ein gegebenes Verhältniß hat, zusammen nimmt, eine Proportion entsteht, so verhält sich die vierte E zur dritten A, wie die zweite D zu einer geraden Linie, zu welcher die erste C ein gegebenes Verhältniß hat. (F. 16.).

Da $C : D = A : B$, so ist $C \times B = D \times A$ (VI. 16.). Nun ist das Vh. $C \times B : C \times E$ gb. (VI. 1.); also auch $D \times A : C \times E$ gb. (V. 7.). Folglich verhält sich $E : A$, wie D zu einer g. L., zu welcher C ein gb. Vh. hat. (D. 74.).

Satz 84. (85.) Satz 85. (86.)

Wenn zwei gerade Linien AB, BC einen gegebenen Raum AC, unter einem gegebenen Winkel ABC einschließen, und $\left\{\begin{matrix}\text{ihr Unterschied}\\\text{ihre Summe}\end{matrix}\right\}$ gegeben ist, so ist jede derselben gegeben. (Oder: wenn ein, der Größe nach, gegebenes Parallelogramm AC einen gegebenen Winkel ABC

---

*) Der zweite Ausdruck und Beweis dieses Satzes findet sich im griechischen Texte; der erste, welcher der Form des vorherg. Satzes entspricht, ist von Simson gegeben.

hat, und { der Unterschied } der, diesen Winkel einschließen-
{ die Summe }
den, Seiten AB, BC gegeben ist, so ist jede derselben gb.
(F. { 62. }).
{ 63. }

Von der größeren Seite BC { sey BD = AB abgeschnitten;
Auf der verlängerten BC {
so ist folglich DC der Gr. nach gb. Das Pg. AD sey vollendet. Da der W. ABD gb. ist, und AB = BD, so ist das Pg. AD der Art nach gb. (I. 34. D. def. 3.). Weil nun das, der Gr. nach, gb. Pg. AC der gb. g. L. CD angefügt, aber um das der Art nach gb. Pg. AD zu { groß } ist, so sind AB, BD gb. (D. { 59. });
{ klein } { 58. }
also ist auch BC gb. (D. { 3. }).
{ 4. }

(Bestimmung des Satzes 85.

Der gegebene Raum darf nicht größer seyn, als der, über der Hälfte der gb. g. L. unter dem gb. W. beschriebene, Rhombus. Vgl. VI. 27.).

Satz 86. [89.] 87. [87.]
Satz O. [90.] *N.* [88.]

Wenn zwei gerade Linien AB, BC einen gegebenen Raum [ein der Größe nach gegebenes Parallelogramm] AC, unter einem gegebenen Winkel ABC, einschließen, und das Quadrat der einen BC { um einen gegebenen
{ eine gegebene Summe
Unterschied größer ist, entweder als ein, { zum Quadrate der
ausmacht entweder mit einem, {
anderen AB in gegebenem Verhältniße { stehender, Raum,
{ stehenden, Raume,

{oder als das / oder mit dem} Quadrat der anderen AB, so sind beide gerade Linien AB, BC gb. (F. {64. / 65.}).

Auf der {geraden Linie CB / verlängerten BC} sey die CD so genommen, daß das R. aus CB, BD {dem gb. Unterschiede / der gb. Summe} gleich sey; so sind folglich das R. aus BC, CD, und das Q. von AB entweder in gb. Vh., oder einander gleich. Da nun sowohl AB×BC gb. ist (D. II. 2.), als CB×BD, so ist AB×BC : CB×BD gb. (D. 1.), oder (VI. 1.) AB : BD; folglich auch $AB^2 : BD^2$ gb. (D. 50.). Daher ist BC×CD : BD^2 gb. (entweder D. 8., oder V. 7.), und auch das vierfache R. aus BC, CD hat zum Q. von BD ein gb. Verhältniß (D. 8.). Also ist $BD^2 \pm 4 BC \times CD : BD^2$ (D. {6. / 5.}), oder (II. 8. V. 7.) das Vh. des Q. von BC±CD zum Q. von BD gb.; folglich BC±CD : BD gb. (D. 54.). Mithin ist BC±CD : BD (D. 6.), oder 2. BC : BD gb.; also ist BC : BD gb. (D. 8.), und (VI. 1.) CB×BD : BD^2 gb., folglich BD^2 gb. (D. 2.), und BD gb., mithin auch BC (D. 2.), und AB (D. 57.).

[Simson's Beweis von Satz N.

a. Der W. ABC sey ein r. W. (F. 66.) Das doppelte R. aus AB, BC kann nicht größer seyn, als die Summe der QQ. von AB, BC (II. 7.). Ist es dieser Summe gleich, so sind die Seiten des R. einander gleich. Ist es aber kleiner, so sey in dem R. ABCD die Diagonale AC gezogen, und auf die AC das Loth BE gefällt, das R. AEBF vollendet, und um das △ ABC ein Kr. beschrieben, dessen Durchmesser AC ist (IV. 5. cor.). Weil △ ABC ∽ △ AEB (VI. 8.), so ist AC : CB = AB : BE, folglich AC × BE = AB × BC (VI. 16.) also gb. Auch ist AC² gb. (I. 47.), mithin AC der Gr. nach gb. Gesetzt, AC sey zugleich der Lage nach gb.; so ist AF der Lage nach gb. (D. 29.). Aber BE ist der Gr. nach gb. (D. 57.), also (I. 34.) auch AF. Folglich ist F gb. (D. 27.), und FB der Lage nach gb. (D. 28.). Da der Kr. ABC der Lage nach gb. ist (D. def. 8.), so ist B gb. (D. 25.). Weil A, C gb. sind, so sind die gg. LL. BA, BC, der Lage und der Gr. nach, gb. (D. 26.).

b. Der W. ABC sey ein schiefer W. (F. 65.). Das R. aus AB, BC hat zum Pg. AC ein gb. Vh. (D. H.), und ist folglich gb. (D. 2.). Daher sind, nach dem ersten Falle, AB, BC gb.]

Bestimmung.

Da nicht 2. AB × BC > AB² + BC² seyn darf, so darf nicht AB² + BC² : Pg. AC < 2. AB × BC : Pg. AC seyn (V. 8.). Aber 2. AB × BC : Pg. AC = 2. AB : AE (VI. 1.), wenn AE auf BC lothrecht ist. Also darf die gb. Summe der QQ. zum gb. Raume des Pg. kein kleineres Vh. haben, als das, mit dem W. ABC, gb. Verhältniß 2. BA : AE.)

Simson's Beweis von Satz {86. / O.}. (Fig. {64. / 65.})

Dem Raume, welcher ein gb. Verhältniß zum Q. von AB hat, sey das Q. von BF gleich. Von A sey auf BC das Loth AE gefällt; so ist das △ ABE der Art nach gb. (D. 40.), und BA : BE gb. (D. def. 3.). Da nun AB : BF gb. ist (D. 54.), so ist AE : BF gb. (D. 8.), oder AE×BC : FB×BC (VI. 1.). Weil AE×BC dem gb. Pg. AC gleich ist (I. 35.), so ist FB×BC gb. (D. 2.). Aber $BC^2 \mp BF^2$ ist gb.; also sind FB, BC gb. (D. {87. / N.}), und AB gb. (D. 2.).]

(Die Bestimmung von S. O. ist aus der von S. N. herzuleiten.)

Satz 88. (91.)

Wenn in einem, der Größe nach, gegebenen Kreise ABC eine gerade Linie AC gezogen ist, welche einen Abschnitt begrenzt, der einen gegebenen Winkel faßt, so ist sie der Größe nach gegeben. (F. 67.).

Der Mp. des K. sey D; es sey der Durchmesser ADE, und die g. L. CE gezogen. Der W. ACE ist ein r. (III. 31.), also gb. Da auch der W. AEC gb. ist, so ist der dritte CAE gb. (I. 32.); daher ist das △ ACE der Art nach gb. (D. 40.), und EA : AC gb. (D. def. 3.). Aber AE ist der Gr. nach gb. (D. def. 5. D. 3.), weil der K. der Gr. nach gb. ist; also ist auch AC der Gr. nach gb. (D. 2.).

Satz 89. (92.)

Wenn in einem, der Größe nach, gegebenen Kreise ABC eine, der Größe nach, gegebene gerade Linie AC gezogen ist, so begrenzt sie einen Abschnitt, welcher einen gegebenen Winkel faßt. (F. 67.)

Der Mp. des K. sey D, und es seyen der Durchmesser ADE und die CE gezogen. Da sowohl EA gb. ist (D. def.

5.), als AC, so ist EA : AC gb. (D. 1.). Weil nun ACE ein r. W. ist (III. 31.), so ist das △ EAC der Art nach gb. (D. 43.), und der W. AEC gb. (D. def. 3.).

Satz 90. (93.)

Wenn auf der Peripherie eines, der Lage nach, gegebenen Kreises ABC ein gegebener Punct B angenommen, und eine von diesem Puncte ausgehende gerade Linie an der Peripherie gebrochen ist (κλασϑῇ), unter einem gegebenen Winkel ABC, so ist der andere Endpunct C der gebrochenen Linie ABC gegeben. [Wenn von einem Puncte A auf der Peripherie eines, der Lage nach, gegebenen Kreises ABC zwei gerade Linien AB, AC, welche einen gegebenen Winkel BAC einschließen, an die Peripherie gezogen sind, und der Durchschnittspunct B der einen BA gegeben ist, so ist auch der Durchschnittspunct C der anderen AC gb.] (F. 67.)

Der Mp. des K. sey D, und es seyen die gg. LL. BD, DC gezogen. Weil die PP. B und (D. def. 6.) D gb. sind, so ist BD der Lage nach gb. (D. 26.). Da der W. BAC gb. ist, so ist auch BDC gb. (III. 20. D. 3.). Folglich ist (D. 29.) DC der Lage nach gb. Aber auch der Kr. ABC ist der Lage nach gb.; mithin der P. C gb. (D. 25.).

Satz 91. (94.)

Wenn von einem gegebenen Puncte E eine gerade Linie EA gezogen ist, welche einen, der Lage nach, gegebenen Kr. BAC berührt, so ist sie, der Lage und der Größe nach, gegeben. (F. 68.).

Von dem Mp. D des Kr. ABC seyen die gg. LL.

DA, DE gezogen. Die DE ist der Lage und der Gr. nach gb. (D. 26.). Weil DAE ein r. W. ist (III. 18.), so geht ein, über DE beschriebener, Halbkreis durch A (IV. 5. cor.). Dieser Halbkreis ist der Lage nach gb. (D. def. 8.); aber auch der K. ABC; also ist A gb. (D. 25.), und EA, der Lage und der Gr. nach, gegeben. (D. 26.)

Satz 92. (95.)

Wenn ausserhalb eines, der Lage nach, gegebenen K. ABC ein gegebener Punct E angenommen, und von demselben eine gerade Linie EB durch den Kreis gezogen ist, so ist das Rechteck aus dieser geraden Linie EB und der zwischen dem Puncte E und der erhabenen Peripherie liegenden EC gegeben. (F. 68.)

Von E sey eine, den K. ABC berührende, g. L. EA gezogen; so ist EA der Gr. nach gb. (D. 91.), also auch das Q. von EA gb. (D. 52.); folglich ist das R. aus BE, EC gb. (III. 36.).

Satz 92. *) (95.). Satz 93. (96.).

Wenn {ausserhalb / innerhalb} eines, der Lage nach, gegebenen Kreises ABC ein Punct E gegeben, und von demselben eine gerade Linie {ECB / CEB} durch den Kreis gezogen ist,

*) Im griech. Texte finden sich beide Beweise von S. 92., aber nur die erste Form der Thesis; der zweite, der Form von 93. entsprechende, Ausdruck ist von Simson.

so ist das Rechteck aus den [zwischen dem Puncte E und der Peripherie] abgeschnittenen Stücken BE, EC gegeben. (F. { 68. / 69. }).

Der MP. des Kr. sey D, und es sey DE gezogen, welche dem Kr. in F, G begegne. Weil die PP. D, E gb. sind, so ist DE der Lage nach gb. (D. 26.), also sind F, G gb. (D. 25.); folglich FE, EG gb. (D. 26.), mithin auch das R. aus FE, EG (D. 52.). Aber $FE \times EG = BE \times EC$ (III. { 36. / 35. }); also ist das R. aus BE, EC gegeben.

Satz 94. (97.) Satz P. (98.)

Wenn in einem, der Größe nach, gegebenen Kreise ABC eine gerade Linie BC gezogen ist, welche einen Abschnitt begrenzt, der einen gegebenen Winkel BAC faßt, und wenn { dieser Winkel BAC / dessen Nebenwinkel FAC } in zwei Hälften getheilt ist, so hat { die Summe / der Unterschied } der, den gegebenen Winkel BAC einschließenden, Seiten BA, AC ein gegebenes Verhältniß zu [dem innerhalb des Kreises liegenden Stücke] der den Winkel { BAC / FAC } theilenden geraden Linie AD, und das Rechteck aus { jener / jenem } { Summe / Unterschied } und dem Stücke ED der theilenden, welches zwischen ihrem zweiten Durchschnittspuncte mit der Peripherie und zwischen der Grundlinie BC liegt, ist gegeben. (F. $\left\{\begin{matrix}70.\\71.\end{matrix}\right\}$).

Es sey die BD gezogen. Die BC ist der Gr. nach gb. (D. 88.); eben so die BD (I. 9. D. 88.) (weil der W. BAD die Hälfte des gb. W. $\left\{\begin{matrix}BAC\\FAC\end{matrix}\right\}$ ist); also ist CB : BD gb. (D. 1.). Es ist aber $\left\{\begin{matrix}\text{(VI. 3.)}\\\text{VI. pr. Sims. A.)}\end{matrix}\right\}$ BA : AC = BE : EC, oder (V. 16.) AB : BE = AC : CE, folglich BA ± AC : BC = AC : CE (V. $\left\{\begin{matrix}12.\\19.\end{matrix}\right\}$). Da nun der W. BAD = EAC, und (III. $\left\{\begin{matrix}21.\\22.\end{matrix}\right\}$ BDA = ECA, so sind die △△ BAD, EAC gleichwinklicht (I. 32.); und es ist AC : CE = AD : DB (VI. 4.). Folglich ist (V. 11.) BA ± AC : BC = AD : DB, oder (V. 16.) BA ± AC : AD = CB : BD, also gb. Weil auch die △△ BED, AEC gleichwinklicht sind (III. $\left\{\begin{matrix}21.\\22.\end{matrix}\right\}$), so ist BD : DE = AC : CE (VI. 4.) = BA ± AC : BC. Folglich ist das R. aus $\left\{\begin{matrix}\text{der Summe}\\\text{dem Unterschiede}\end{matrix}\right\}$ von BA, AC, und aus DE gleich dem R. aus CB, BD (VI. 16.). Dieses aber ist gb., also auch jenes.

Zweiter Beweis.

Auf der $\left\{\begin{matrix}\text{von A rückwärts}\\\text{über C hinaus}\end{matrix}\right\}$ verlängerten AC sey AG = AB gemacht, und es seyen die DB, BG gezogen. Da jeder der beiden W.W. ABG, AGB die Hälfte des W.

{BAC | FAC} ist (I. 5. 32.), so ist der W. BGC = BAD, ABG = CAE = CBD (III. {21. | 22.}), also (I. Ax. {2. | 3.}) ABD = GBC. Auch ist (III. {21. | 22.}) ADB = GCB. Daher sind die △△ ABD, GCB gleichwinklicht, und es ist (VI. 4.) GC : CB = AD : DB, oder (V. 16.) GC : AD = CB : BD, also gb. (D. 88. 1.); mithin ist BA ± AC : AD gb. Weil auch die △△ GBC, BED gleichwinklicht sind, so ist (VI. 4.) GC : CB = BD : DE; folglich GC × DE = CB × BD (VI. 16.); also ist das R. aus BA ± AC und aus DE gb.

Dritter Beweis.

Auf der {von C rückwärts | über A hinaus} verlängerten CA sey CH = AB gemacht, und es seyen die DB, DC, DH gezogen. Da AB = HC, und (III. {26. 29. | 22. 26. 29.}), oder III. {21. | 21. 22.} I. 6.) BD = CD, und (III. {22. | 24.}) der W. ABD = HCD, so ist (I. 4.) AD = HD, und der W. BAD = CHD; also der W. CHD, oder AHD gb. Aber auch der W. HAD ist gb., folglich das △ ADH der Art nach gb. (D. 40.), und HA : AD gb. (D. def. 3.), oder BA ± AC : AD. Daß das R. aus BA ± AC und aus DE gb. ist, wird, wie vorhin, gezeigt. (Oder: weil sowohl die △△ HAD, BCD, als die △△ ADC, CDE gleichwinklicht sind (III. 21.), so ist HA : CD = BC : DE (VI. 4. V. 22.), folglich das R. aus BA ± AC und aus DE gleich dem gb. R. aus BC, CD.).

Satz 95. (99.)

Wenn auf dem Durchmesser AB eines, der Lage nach, gegebenen Kreises DEF (oder auf dem verlängerten Durchmesser) ein gegebener Punkt C angenommen, und von demselben an den Kreis eine gerade Linie CD gezogen, auf dieser CD in dem Durchschnittspuncte D ein Loth DF errichtet, und durch den Punkt F, wo das Loth DF die Peripherie wieder trifft, eine Parallellinie FH mit der ersten CD gezogen ist, so ist der Punkt H, wo die Parallele FH den Durchmesser AB trifft, und das Rechteck aus den Parallelen DC, FH gegeben. (F. 72.)

Die FH sey bis E, wo sie den Kreis wieder trifft, verlängert, und die DE gezogen. Weil DFE ein r. W. ist (I. 29.), so ist DE ein Durchmesser (IV. 5. cor.). Der Durchschnittspunct G desselben mit dem Durchmesser AB ist folglich der MP. des K.; mithin ist G gb. (D. def. 6.). Da auch C gb. ist, so ist GC, der Lage und der Gr. nach, gb. (D. 26.). Weil FE mit DC p. und EG=ED ist, so ist (I. 29. 15. 26.) CG=GH und DC=EH. Daher ist GH der Gr. nach gb. Da sie zugleich der Lage nach, und der P. G gb. ist, so ist H gb. (D. 27.). Folglich ist das R. aus FH, HE gb. (D. 93. [oder 92.]), oder das R. aus FH, DC.

Satz Q. (100.)

Wenn von einem gegebenen Puncte C auf einer, der Lage nach, gegebenen geraden Linie BA an einen Punct D auf der Peripherie eines, der Lage nach, gegebenen Kreises DEF eine gerade Linie CD gezogen ist, und von diesem Puncte D eine andere DF, welche mit der ersten CD einen Winkel macht gleich dem Unterschiede zwischen einem rechten und dem Winkel BCG, welchen die, der Lage nach, gegebene AB mit der den gegebenen Puncte C und den Mittelpunct G des Kreises verbindenden CG einschließt, und wenn von dem Puncte F, wo die zweite DF der Peripherie wieder begegnet, eine dritte FH gezogen ist, welche mit der zweiten DF einen Winkel DFE macht, gleich dem Winkel CDF, welchen die erste CD mit der zweiten DF macht, so ist der Punct H gegeben, wo die dritte FH die der Lage nach gegebene BA trifft; auch ist das Rechteck aus der ersten CD und dem Stück der dritten FH, welches zwischen der, der Lage nach, gegebenen AB und der Peripherie liegt, gegeben. (F. 73.).

Von dem P. K., wo die DC, FH einander schneiden, sey auf die DF das Loth KL gefällt; DC begegne dem Kr. wieder in M, FH in E, und es seyen MG, GF, GH gezogen. Da die WW. MDF, DFE einander gleich sind, so sind die Bogen MF, DE gleich (III. 26.); und, wenn man den Bogen ME hinzusetzt, oder wegnimmt (je nachdem K innerhalb oder ausserhalb des Kr. liegt), so sind die Bogen EF, DM gleich, foglich auch die gg. LL. EF, DM (III. 29.). Daher ist (I. 8.), der W. GFE=GMD, mithin GFH=GMC, weil diese WW. mit jenem entweder dieselben sind, oder ihre Nebenwinkel (je nachdem C innerhalb, oder ausserhalb des Kr. liegt). Weil der W. KDL sowohl mit dem DKL einen r. W. ausmacht (I. 32.), als, nach der Voraussetzung, mit dem GCB, so ist GCB=LKD=LKF, oder GCH =GKH (denn (I. 29. III. 1. cor.) G liegt auf der KL).

Daher liegen die PP. C, K, H, G auf der Peripherie eines Kr.; also ist der W. GHF=GCM (III. 22., oder 21., je nachdem C zwischen D und K liegt, oder nicht). Da zugleich der W. GFH=GMC, und GF=GM, so ist (I. 26.) HG=GC und HF=CM. Folglich ist der W. GHC=GCH (I. 5.), also gb.; mithin auch der W. CGH gb. (I. 32.). Aber CG ist, der Lage nach, gegeben (D.26.); also auch GH ((D. 29.); mithin H gb. (D. 25.). Weil HF=CM, so ist DC×FH=DC×CM. Aber das R. aus DC, CM ist gb. (D. 93., oder 92.); also auch das R. aus DC, FH.]

Gedruckt bei C. F. Thormann, in Bonn.

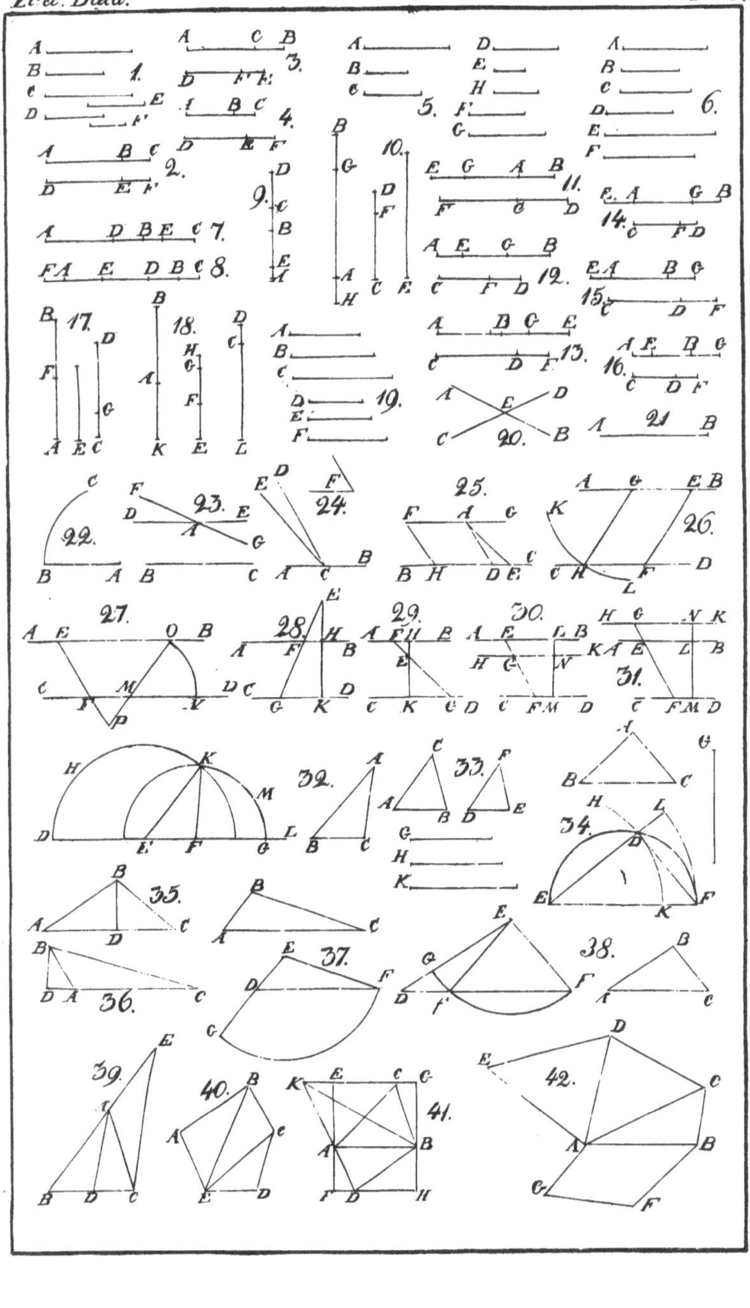

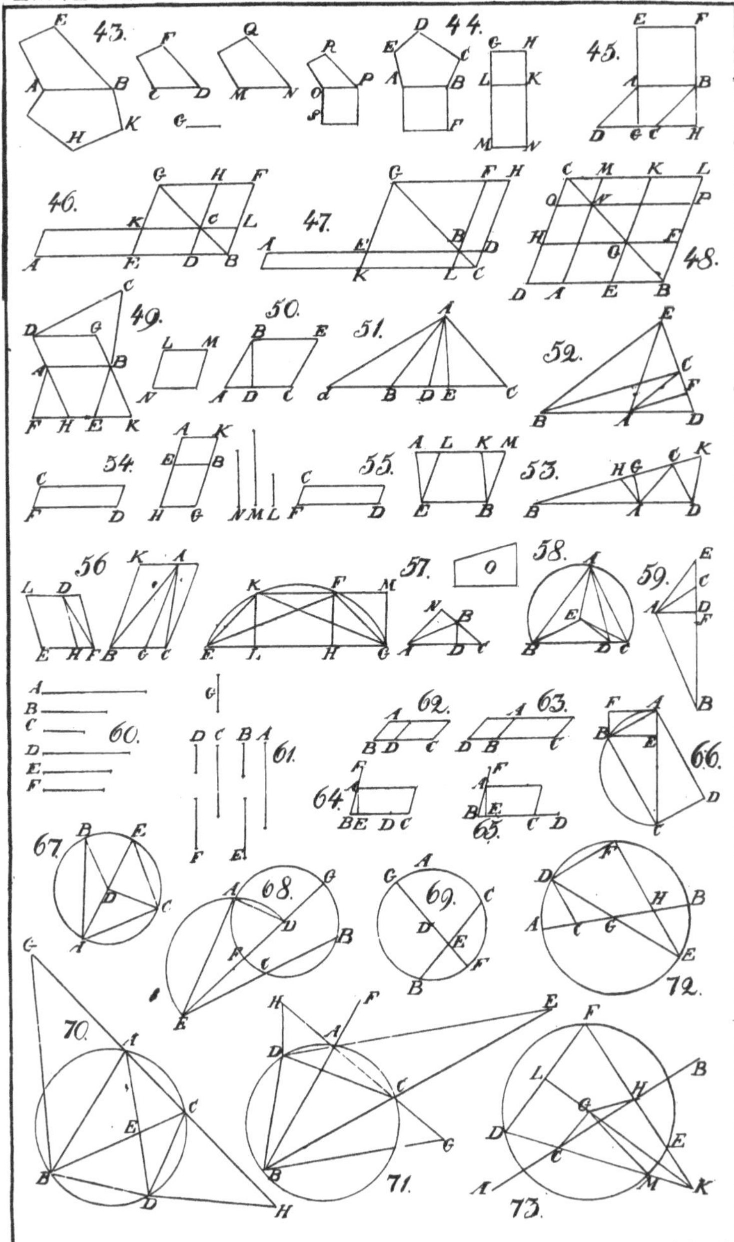
43.
44.
45.
46.
47.
48.
49.
50.
51.
52.
53.
54.
55.
56
57.
58.
59.
60.
61.
62.
63.
64.
65.
66.
67.
68.
69.
70.
71.
72.
73.

MIX
Papier | Fördert gute Waldnutzung
FSC® C083411

Zeitfracht Medien GmbH
Ferdinand-Jühlke-Straße 7
99095 Erfurt, Deutschland
produktsicherheit@kolibri360.de